CAUSERIES FAMILIÈRES

SUR LA NATURE

ET LES SCIENCES

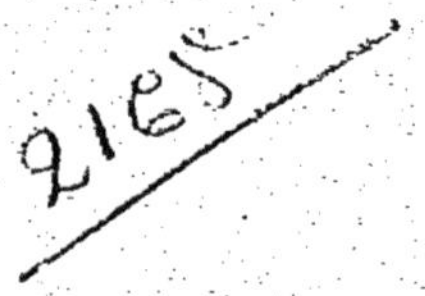

A LA MÊME LIBRAIRIE

LA CHUTE D'UNE DYNASTIE (*Le dernier Stuart*), par A. GENEVAY. 1 vol. in-8° illustré, br. . . . . 1 »

LA FIN DE L'ESCLAVAGE AUX ÉTATS-UNIS (*Derniers jours d'une guerre civile*), par LE MÊME, 1 vol. in-8° illustré, br. . . . . 1 »

SUR LES RIVES DE L'AMAZONE (*Voyage d'une femme*), par C. WALLUT. 1 vol. in-8° illustré, br. . . . . 1 »

LES ORFÈVRES FRANÇAIS, suivis de : *Un antiquaire*, par CH. DESLYS. 1 vol. in-8° illustré, br. . . . . 1 »

LA VIE ET LA MORT DE JEANNE D'ARC, par JACQUES PORCHAT. 1 vol. in-8° illustré, br. . . . . 1 »

NOS ALIMENTS (*Histoires et anecdotes*), par A. DUBARRY. 1 vol. in-12. . . . . 1 »

CHRONIQUES D'AUTREFOIS ET D'AUJOURD'HUI (*Un soulèvement populaire au moyen âge. — Le garde-côte*), par ÉTIENNE MARCEL. 1 vol. in-8° illustré, br. . . . . 1 »

PARIS. — IMP. P. MOUILLOT, 13-15, QUAI VOLTAIRE. — 27762.

CAUSERIES FAMILIÈRES

SUR

LA NATURE

ET LES SCIENCES

PAR

EUG. MULLER

PARIS
LIBRAIRIE CH. DELAGRAVE
15, RUE SOUFFLOT, 15

1882

CAUSERIES FAMILIÈRES

SUR

LA NATURE ET LA SCIENCE

L'HEURE

Arriver avant de partir. — Une pomme et une bougie. — La première horloge. — A quoi peut servir l'ombre d'un poirier. — Le sabot fêlé. — Le poids et l'échappement. — Le désespoir d'un grand roi et la remarque d'un enfant.

Lorsqu'on fait usage de la télégraphie électrique, on constate ce fait merveilleux d'une correspondance échangée à des distances considérables, en un espace de temps pour ainsi dire inappréciable, puisque les quelques minutes employées à cette lointaine conversation sont absorbées, en majeure partie, par le travail de transcription, de port à domicile, etc. Mais voici qui peut, je crois, paraître plus extraordinaire encore.

Je suis dans une ville d'Allemagne. J'ai besoin, pour une négociation pressée, de connaître sans retard l'avis d'une personne qui est actuellement à Saint-Pétersbourg, en Russie, c'est-à-dire à trois cents lieues environ du pays où je me trouve. Je vais au bureau du télégraphe, je donne une dépêche à transmettre, et j'attends la réponse.

Quand l'employé me remet la feuille sur laquelle il vient de transcrire cette réponse, la pendule du bureau marque deux heures trente minutes, et je remarque sur la feuille que la dépêche de Saint-Pétersbourg est datée de trois heures quinze minutes; en d'autres termes, je reçois un message trois quarts d'heure avant qu'il ne soit parti.

Voilà, ou je m'abuse fort, ce qui s'appelle aller vite.

« Oh! direz-vous, c'est qu'il y a eu erreur! L'employé aura écrit trois heures au lieu de deux.

— Point. Il devait être parfaitement trois heures et quart à la pendule du bureau de Saint-Pétersbourg, quand l'employé expédiait la dépêche qui devait me parvenir, à trois cents lieues de là, lorsqu'il n'était encore que deux heures et demie au bureau allemand.

— Mais alors?...

— Alors, mes enfants, expliquons-nous. Je ne vous apprendrai rien, je pense, en vous disant que notre monde est une grosse boule qui tourne dans l'immensité, en présentant successivement chacun de ses points au soleil qui l'éclaire et la réchauffe, et autour duquel elle se meut.

La pomme et le bougeoir.

Mais comme cet énoncé, si simple qu'il puisse être, risquerait encore de vous sembler peu intelligible, procédons, si vous le voulez bien, par voie de démonstration.

Procurez-vous une planchette, une pomme, une broche à bas, deux épingles et une bougie dans son bougeoir. Posez la bougie allumée à une extrémité de la planchette, traversez la pomme de part en part avec la broche, que vous fixerez ensuite à l'autre bout de la planchette.

La bougie tiendra alors la place du soleil, et la pomme celle de la terre : c'est-à-dire que si vous faites tourner la pomme avec le doigt, vous verrez comment la terre, en pivotant sur elle-même, se trouve avoir une de ses moitiés éclairée par le soleil, tandis que l'autre moitié est dans l'ombre ; et vous aurez l'explication de la succession du jour et de la nuit dans les divers pays de la terre ; car si vous plantez, vers le milieu de la pomme, une épingle qui représente, par exemple, la place qu'occupe Paris sur la terre, il arrivera forcément, quand la pomme pivotera, que ce point ira successivement de l'ombre extrême à l'extrême clarté, en passant par tous les degrés intermédiaires de ténèbres ou de lumière.

Vous aurez donc reproduit, pour ce point, tous les phénomènes d'aurore, de lever du soleil, de plein jour, de coucher du soleil, de crépuscule et de pleine nuit ; et vous comprendrez que ce qu'on est convenu d'appeler une journée est l'espace de temps que la terre emploie pour faire un tour complet sur elle-même.

Si maintenant, sur la face diamétralement opposée à celle où vous avez marqué le point tenant la place de Paris, vous plantez une autre épingle marquant la place d'une des îles du grand océan Indien, une des îles Sandwich, par exemple (ce qui est à peu près d'accord avec la réalité géographique), et que vous fassiez de nouveau pivoter la pomme, voici ce qui arrivera :

Pendant que le point représentant Paris sera dans la pleine lumière, le point représentant cette île sera dans la pleine ombre ; pendant que le premier entrera dans la clarté, le second entrera dans les ténèbres : et vous en conclurez forcément que le moment où l'*homme au sable* passe pour envoyer à la couchette les enfants de Paris, n'est autre que celui où s'éveillent les enfants des îles Sandwich.

Vous vous direz, par la même raison, que l'on doit souper là-bas pendant que nous déjeunons ici ; enfin, qu'il doit y être six heures du matin quand il est chez nous six heures du soir, et minuit au moment où il est chez nous midi. Et si vous supposez que j'aie expédié là-bas une de ces dépêches télégraphiques pour la transmission desquelles quelques fractions de seconde suffisent, vous ne serez pas étonnés que la réponse, qui me parviendra, par exemple, le lundi soir, soit datée du mardi matin, puisqu'il est là-bas mardi matin pendant que chez nous il n'est encore que lundi soir ; et il sera évident pour vous qu'il doit suffire d'une légère différence entre les positions que deux pays occupent à la surface de la terre, pour qu'il existe une différence proportionnelle dans les heures de la journée de l'un et de l'autre pays.

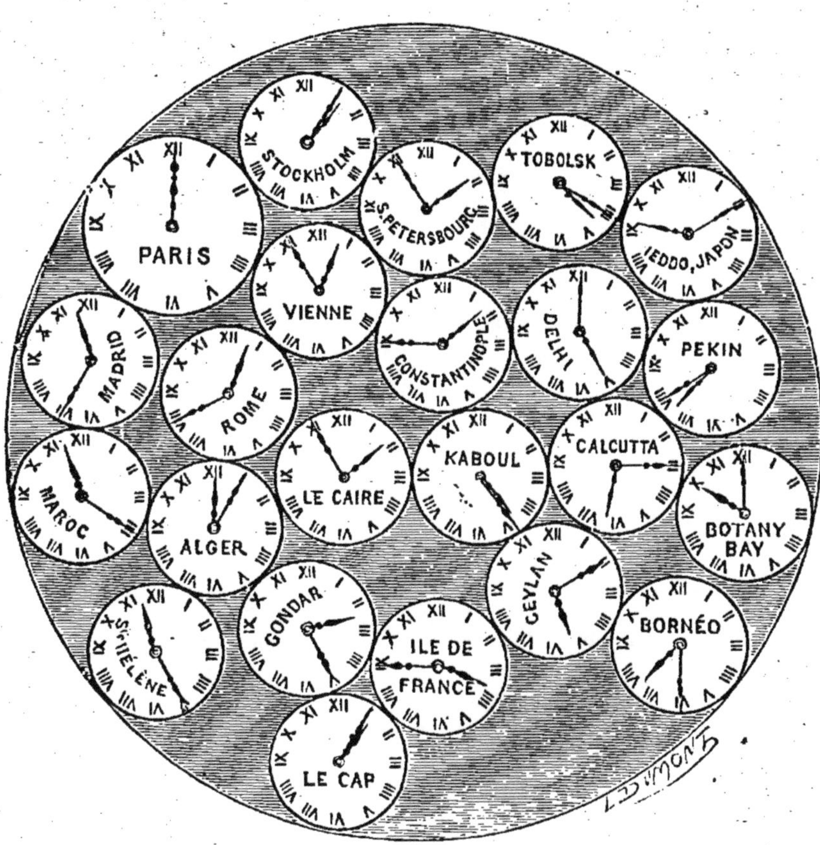

Il est midi à Paris, quelle heure est-il à Madrid? Vienne ? etc.

Ainsi, vous comprendrez sans peine qu'il puisse être trois heures à Saint-Pétersbourg lorsqu'il n'est encore que deux heures et demie dans une ville du milieu de l'Allemagne : le point de la terre qu'occupe cette ville ne venant se présenter

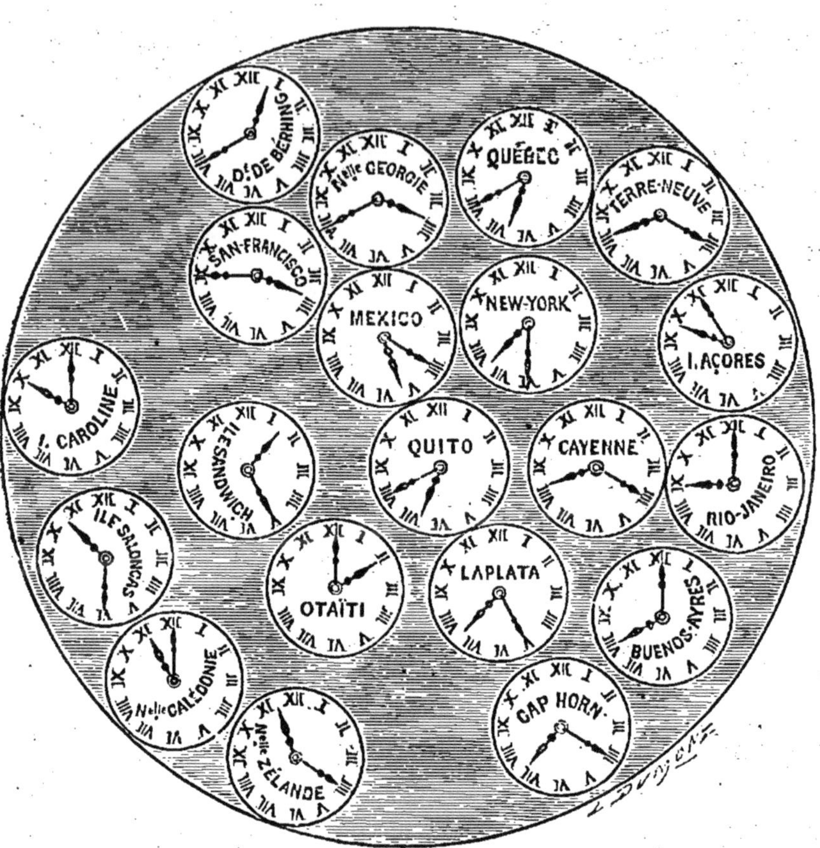

Il est midi à Paris, quelle heure est-il à New-York ? Mexico ? etc.

au soleil qu'une demi-heure après celui qu'occupe Saint-Pétersbourg. Pour que vous vous rendiez mieux compte encore des faits que je viens de signaler, jetez les yeux sur les petits tableaux que j'ai dressés à votre intention.

Dans les deux premiers, j'ai réuni — en n'observant qu'un semblant de disposition géographique, car l'espace était restreint, — j'ai groupé, dis-je, un certain nombre de cadrans sur lesquels j'ai indiqué approximativement l'heure qu'il est en divers lieux de la terre pendant qu'il est midi à Paris.

Il vous sera, je pense, facile de comprendre lesquelles de ces heures appartiennent au soir ou au matin, en vous rappelant qu'il est le *soir* dans un hémisphère lorsqu'il est le *matin* dans l'autre. Mais, vous arrivât-il de faire confusion, que vos doutes seraient, je crois, levés en regardant le troisième tableau, où j'ai représenté à grands traits et par à peu près la configuration de l'univers, en ombrant ou en éclairant plus ou moins diverses régions, selon qu'au moment choisi (qui est alors le midi d'Amérique) telle où telle contrée est plus près du milieu du jour ou du milieu de la nuit.

Notez que, afin de rendre la démonstration plus claire, j'ai supposé être en septembre ou en avril, c'est-à-dire à l'époque de l'année où les jours et les nuits sont égaux.

Pour ce qui est de l'inégalité des jours et des nuits, qu'il vous suffise de savoir que cette inégalité vient d'une inclinaison de la terre, qui, tout en tournant chaque jour sur elle-même, se présente plus ou moins obliquement au soleil. De cette inclinaison sur son axe résultent pour la terre les saisons.

— Mais sur quoi, demanderez-vous, se règle-t-on pour fixer l'heure de tel ou tel pays ?

— Je vais vous le dire. On est convenu d'appeler *midi* (expression qui signifie milieu du jour), pour un point quelconque de la terre, le moment juste où ce point passe rigoureusement en face du soleil. Ainsi pour l'un des points où se trouve plantée l'une de nos deux épingles, midi sera l'instant où, quand vous ferez tourner la pomme, ce point se trouvera le plus directement en face de la bougie. On est ensuite convenu d'appeler *minuit* (milieu de la nuit) le moment où notre épingle sera, au contraire, à la plus grande distance de notre petit soleil. Voilà, je crois, qui n'est pas difficile à comprendre.

Ajoutons qu'on est convenu de diviser le temps qui s'écoule pendant le passage de la terre à chacune de ces positions, en douze parties égales, qu'on a

LE JOUR ET LA NUIT

appelées des *heures*, ce qui fait que la révolution complète de la terre s'opère en vingt-quatre heures, dont le chiffre se répète : une heure, deux heures du matin, etc... une heure, deux heures du soir, etc.

Or, il va de soi que, dès l'origine des sociétés, les hommes durent avoir besoin, pour leurs relations, pour leurs travaux, leur commerce, de pouvoir s'accorder sur ces divisions arbitraires de la journée. Il fallut, — et pour ne prendre qu'un exemple, — que les membres d'une famille, en quittant le matin l'abri commun, eussent un moyen de convenir du moment qui les réunirait pour le repas. Et, comme l'observation du mouvement réel ou apparent des astres fut une des premières sciences pratiquées, il y a tout lieu de croire que, dès les temps les plus reculés, on prit pour indicateur un appareil que la nature se charge, en quelque sorte, de construire elle-même, et que, pour peu que vous sachiez l'y remarquer, vous ne manquerez pas de trouver tout dressé, tout réglé au premier endroit venu qu'éclaire le soleil.

En voulez-vous la preuve? Descendons au jardin. Le soleil luit de son plus bel éclat : chaque arbrisseau, chaque arbre, chaque brin d'herbe projette sur le sol une ombre bien nette, bien accusée.

Voyez : voilà, au sommet de ce poirier en quenouille, un jet qui monte droit comme un I, et dont l'ombre trace sur le sentier lumineux une étroite ligne obscure. Entendez-vous? Midi sonne : profitons du temps pendant lequel le marteau frappe la cloche, pour faire sur le sable du sentier, juste à l'endroit où porte l'ombre de cette branche, et dans le même sens, une petite marque.

Et... allons-nous-en.

Puis, si nous revenons demain, ou après-demain, ou dans huit jours, ou dans un mois, à midi sonnant, nous serons assurés de voir l'ombre de la branche et la marque que nous avons faite se rencontrer parfaitement.

Donc cette ombre marquera midi.

Si, au lieu de venir à midi, nous fussions venus à une heure, à deux heures du soir, ou à neuf, dix, onze heures du matin, et que nous eussions fait, pour chacune de ces heures, une marque particulière à l'endroit où portait alors l'ombre de la branche, nous aurions tracé ce qu'on appelle un cadran solaire, et fabriqué la plus ancienne des horloges.

Le soleil fut donc le premier horloger auquel les hommes eurent recours, et bien que, de nos jours, on ait assez généralement relevé de ses fonctions le céleste artisan, je puis vous affirmer

Le cadran solaire de Papirius Cursor.

que la plupart de nos campagnards ont encore une habitude telle de l'observation des ombres, ou du plus ou moins d'élévation du grand astre sur l'horizon, qu'il leur arrive rarement de se tromper en fixant approximativement l'heure de la journée.

N'allez pas croire que le procédé si simple, si naturel, qui consiste à baser sur la projection d'une ombre l'indication exacte des heures, se soit généralisé très rapidement chez les nations antiques. Ainsi le premier cadran public dont les auteurs fassent mention daterait seulement de six cents ans avant Jésus-Christ, c'est-à-dire trois mille quatre cents ans après le commencement des temps historiques. Ce fut celui que le roi juif Achaz fit dresser devant le temple de Jérusalem ; et nous savons qu'il y eut, trois cents ans plus tard, une grande émotion chez les habitants de l'ancienne Rome, lorsque Papirius Cursor fit tracer un cadran solaire près du temple de Jupiter. Les historiens disent même que « pendant plus d'un siècle cette horloge causa l'admiration générale ».

Il est juste de remarquer que, depuis longtemps déjà, on s'était ingénié afin de trouver un suppléant à un appareil qui devenait de la plus complète inutilité, non seulement pendant les heures de la nuit, mais encore dès que le moindre brouillard s'avisait de passer entre le soleil et la terre. Au lieu d'une horloge *non solaire*, on en imagina deux, qui, à vrai dire, reposaient sur le même principe, et qui s'appelaient la *clepsydre* et le *sablier*.

La clepsydre (ainsi nommée de deux mots grecs :

clepto, je cache, ou plutôt je contiens, et *udor*, eau) me rappelle certain petit appareil en usage dans nos campagnes, mais avec un but bien différent. Dans les fermes, où, à chaque instant, on peut avoir besoin de quelque outil, il y a généralement une meule qui se tourne avec le pied, et qui est installée tout bonnement entre deux petites pièces

La clepsydre.

de bois parallèles, posées obliquement contre un mur. Mais vous savez que, pour l'aiguisage, il faut entretenir la meule humide. Que font nos paysans pour répandre, sur la pierre mordante qui tourne, cette humidité permanente ? Ils cherchent, et ils n'ont pas de peine à le trouver, quelque vieux sabot qu'ils percent d'un petit trou dans le bout du pied. Ils clouent ce sabot par le talon, juste au-dessus de la meule; puis quand ils veulent aiguiser, ils emplissent d'eau le creux du sabot. L'eau coule goutte à goutte par le petit trou... Et voilà un arrosoir économique tout installé.

Maintenant, voyez comment Athénée, un ancien auteur grec, décrit la clepsydre usitée de son temps : « Elle consiste, dit-il, en un vase d'argile ou de métal, qu'on emplit d'eau et qu'on suspend au mur, dans une niche pratiquée à cet effet. A l'extrémité inférieure du vase est un tuyau étroit, par lequel l'eau s'échappe goutte à goutte, et vient tomber dans un récipient sur lequel des divisions sont marquées. L'eau, en atteignant successivement chacune de ces marques, indique de même les diverses heures du jour et de la nuit. Et quand le récipient est plein, on rejette l'eau dans le vase supérieur. »

Vous voyez que ce n'était rien moins que compliqué; mais aussi vous pouvez penser que cet instrument, proche parent du sabot troué ne devait pas se faire remarquer par une exactitude d'indication telle qu'on fût empêché d'en désirer un meilleur.

Le sablier, encore en usage pour mesurer de petites fractions du temps, comme, par exemple, pour cuire les œufs à la coque, le sablier faisait concurrence à la clepsydre. Ai-je besoin de vous décrire le sablier? Non, car vous n'êtes pas sans avoir vu ces deux petites bouteilles, accolées par le goulot, que l'on renverse tantôt dans un sens, tantôt dans l'autre, quand le sable qui y est contenu a coulé de celle-ci dans celle-là.

Tout cela était bien primitif; et pourtant ce primitif dura plusieurs mille ans. Ce ne fut guère que quelque cent ans avant Jésus-Christ qu'un certain mécanicien d'Alexandrie, en Égypte, adapta à la clepsydre un système de rouages qui faisait tourner une aiguille devant un cadran. Et toutes les tentatives qui furent faites depuis cette époque jusqu'au dixième siècle de notre ère, n'eurent pour but que de perfectionner cette même clepsydre, ou horloge mue par l'eau. Ainsi, Charlemagne reçut, dit-on, d'Aroun-al-Raschid, le fameux sultan des *Mille et une Nuits*, une clepsydre, en airain damasquiné d'or, qui non seulement marquait les heures sur un cadran, mais encore les sonnait par le fait de petites boules de fer qui tombaient sur un timbre; et, au moment où l'heure tintait, douze fenêtres s'ouvraient, par lesquelles sortaient autant de cavaliers qui, après avoir exécuté diverses évolutions, rentraient dans la machine; puis les douze fenêtres se refermaient, pour se rouvrir à l'heure suivante.

Un siècle auparavant, le pape Paul Ier avait

envoyé à Pépin le Bref une clepsydre non moins remarquable ; et, plus tard, Pacificus, évêque de Vérone, en fabriqua une qui marquait les heures, le quantième du mois, les jours de la se-

Le moine Gerbert.

maine, etc.; mais ce n'étaient toujours que des clepsydres.

Enfin, du temps de Hugues Capet, un moine, appelé Gerbert, qui devait devenir pape sous le nom de Sylvestre II, inventa dit-on, la première horloge mécanique proprement dite; car il eut l'idée de substituer à l'eau, dont la chute avait jusque-là servi d'agent moteur, un poids suspendu à une corde qu'on enroulait sur l'axe d'un rouage, et qui, en se déroulant, imprimait le mouvement à l'appareil. Ce poids est encore aujourd'hui le seul moteur employé pour les grosses horloges. Ce fut ce moine qui imagina aussi, à ce qu'on croit, une des pièces les plus essentielles du mécanisme, laquelle a pour mission de permettre et de ralentir en même temps le jeu des roues; car vous comprenez que, si l'on se contentait de suspendre un poids à l'axe d'un rouage, ce poids se bornerait à descendre tout d'un trait, en faisant tourner rapidement le rouage, et il y en aurait pour quelques secondes tout au plus. Mais on taille dans la roue des dents qui s'engrènent avec les dents d'une seconde, puis une troisième roue dentée s'appuie à celle-ci, et l'ensemble de ces engrenages constitue une résistance que règle définitivement la pièce dont je vous parlais tout à l'heure, et qui s'appelle l'*échappement*. Cet échappement, pour prendre une comparaison vulgaire, n'est autre chose qu'une espèce de *loquet* que la dernière roue soulève avec l'une de ses dents, en tournant, mais qui retombe aussitôt dans le creux de la dent suivante, en sorte qu'il y a à la fois arrêt et *laisser-passer*.

Plus tard, pour les horloges de petite dimension — et ce fut même ce qui permit de faire des horloges de poche, qui reçurent le nom de *montres*, — on imagina de prendre pour agent moteur une longue bande d'acier enroulée en spirale, qui, en cherchant à se dérouler après avoir été serrée, fait tourner la roue dans laquelle elle est logée. C'est le *ressort*, que l'on tend quand on *monte* une montre, et qui emploie plus ou moins de temps à se détendre. Le ressort d'une montre ordinaire agit pendant trente heures environ; celui d'une pendule pendant quinze ou vingt jours.

Mais, malgré de nombreux et très ingénieux perfectionnements, l'on n'arrivait pas encore à cette exacte régularité qui devait être le but définitif de l'horlogerie. On raconte même, à ce propos, un fait assez singulier.

Il y avait, au seizième siècle, un roi si puissant, régnant sur une telle étendue de pays, qu'il pouvait dire, avec la fierté qui était la nuance dominante de son caractère, que le « *soleil* ne se couchait jamais sur ses États ». Un beau jour, ce grand monarque, d'ailleurs malade de corps et d'esprit, las de grandeurs, mit la couronne au front de son fils, et s'en alla au fond d'un couvent perdu dans les montagnes de l'Estramadure. Il avait emmené avec lui, dans sa solitude, un célèbre mécanicien de l'époque ; et bientôt sa retraite fut pleine d'horloges de toutes les formes et de tous les systèmes. Charles-Quint (car ainsi se nommait ce souverain volontairement déchu) faisait un de ses soucis d'établir le parfait accord entre ces diverses machines ; et comme il ne pouvait y parvenir, on affirme qu'il en éprouvait le plus réel, le plus vif chagrin. Aussi, en manière de consolation des déboires de sa précédente carrière, se plaisait-il à reconnaître une fois de plus, par là, la vanité des choses terrestres. « Combien fus-je sot, disait-il, de croire à la possibilité de concilier les hommes, puisqu'il est au-dessus de mes facultés de concilier les machines? »

Or, voilà qu'en 1580 un jeune homme, ou plutôt un adolescent, assistant à une cérémonie du culte dans la cathédrale de Pise, en Italie, se prit à suivre machinalement du regard une lampe suspendue, qu'on venait de heurter, et qui se balançait au bout de la longue corde descendant du cintre de l'église. En regardant cette lampe, le jeune homme remarqua qu'immédiatement après le choc elle oscillait avec une certaine vitesse, mais parcourait un espace relativement assez étendu, tandis que plus elle ralentissait son mouvement et moins l'axe qu'elle décrivait était grand. Ce qui l'amena à conclure qu'un corps lourd, se mouvant comme se meut une lampe suspendue doit employer, en moyenne, le même temps à accomplir chacune de ses oscillations, quel que soit l'espace qu'il parcourt. Et de cette observation il fit plus tard une des lois de la physique, dont il devait être un des rénovateurs ; — car ce jeune homme n'était autre que l'illustre Galilée.

Partant du principe démontré par le grand physicien, on eut bientôt l'idée d'employer le *pendule* ou balancier à régler la marche des horloges, et on l'y adapta avec succès ; depuis il est toujours resté en usage. Ce régulateur est d'autant plus efficace, que, pour qu'il produise l'effet désiré, il suffit d'allonger ou raccourcir la tige qui supporte le poids oscillant. L'horloge avance-t-elle ? on allonge la tige ; retarde-t-elle ? on la raccourcit, jusqu'à ce qu'on ait rencontré la dimension juste.

Et dire qu'il a dépendu de cette observation d'un enfant, que les derniers jours du plus remuant, du plus ambitieux des monarques aient été préservés d'un grave, d'un poignant souci ! !

Voyez à quoi tiennent les choses ici-bas !...

LE FEU

Les allumettes d'aujourd'hui et le briquet d'autrefois. — Le monde sans feu. — L'âge de pierre. — Le feu adoré. — Les sources du feu. — Un mot de Socrate et deux historiettes de savants.

La nuit venant, j'ai voulu avoir de la lumière. Que m'a-t-il fallu faire pour cela ? Il m'a suffi de frotter contre le mur l'extrémité d'un brin de bois portant un peu de composition sèche. Une petite explosion s'est produite, le brin de bois s'est enflammé ; je l'ai approché de la mèche d'une bougie ; et j'ai eu de la lumière, c'est-à-dire du feu.

Vous ne semblez pas vous douter, vous autres jeunes enfants, que ce qui existe aujourd'hui ne soit pas établi depuis longtemps. Ainsi, par exemple, on vous étonnerait fort si l'on vous disait que c'est tout au plusdepuis une quarantaine d'années, que le fait de se procurer du feu est positivement et généralement devenu la très simple et très facile opération que vous connaissez. Et pourtant rien de plus exact.

Je sais, pour ma part, qu'au temps de mon enfance, quand la nuit, il s'agissait d'allumer à l'improviste quelque lampe, c'était, comme on dit, toute une histoire, quel que fût le procédé employé.

Il y avait d'abord l'antique, le classique briquet, dont la manœuvre consistait à frapper l'un contre l'autre un petit barreau d'acier et un fragment de silex (pierre dure, dite pierre à briquet) et à recueillir l'étincelle qui jaillaissait du choc, sur un morceau d'amadou ou de chiffon brûlé, sur lequel on *prenait* ensuite le feu, à l'aide d'une allumette souffrée ; puis il y avait le briquet dit phosphorique, petit flacon duquel on extrayait avec une bûchette une bribe de phosphore, que le contact de l'air enflammait ou devait enflammer ; le briquet *chimique* dont l'allumette ne prenait feu qu'après avoir été humectée d'acide sulfurique ; le briquet électrique, le briquet pneumatique, le briquet à gaz... que sais-je? — assortiment d'appareils très ingénieux en réalité, mais qui, au résumé, avaient pour propriété première de se trouver détraqués, éventés, incomplets, juste au moment où ils étaient appelés à rendre service.

A la vérité, si imparfaits que pussent être ces procédés, ils laissaient loin derrière eux celui qu'on prête généralement aux sauvages, et qui consisterait à frotter vivement l'un contre l'autre deux morceaux de bois sec jusqu'à ce que l'un d'eux s'enflamme. Les hommes civilisés ont voulu, par curiosité, essayer de ce procédé, sans jamais réussir je crois, à obtenir aucun résultat.

Aujourd'hui, vous savez comment, parmi nous, les choses se passent. L'allumette qu'on frotte contre un corps dur est un morceau de bois dont un bout a été trempé d'abord dans du soufre fondu, puis dans une pâte formée en principe de phosphore et de gomme.

Cette pâte, en séchant, emprisonne, en quelque façon, sous la croûte qu'elle forme, le phosphore, que le seul contact de l'air peut enflammer : c'est pourquoi lorsque, par un frottement, ou mieux par un déchirement de la croûte, vous faites que l'air atteigne violemment le phosphore, celui-ci s'embrase, en jetant une petite flamme, que le soufre se hâte de recueillir, pour la communiquer au morceau de bois. Les vertus de cette allumette résultent donc de la réunion de trois corps inflammables à divers degrés, qui se repassent, pour ainsi dire, le feu l'un à l'autre : du phosphore au soufre, et du soufre au bois.

Nous reparlerons peut-être quelque jour du phosphore, de ce corps singulier, qui s'enflamme par le seul contact de l'air ; mais, dites-moi, vous êtes-vous une fois demandé ce qu'il en devait être du genre humain avant qu'on fût parvenu à se procurer du feu à volonté par un moyen quelconque? — Peut-être bien que non.

Pour vous, le feu est une de ces choses que tout d'abord on vous a appris, et non sans raison, à redouter.

On vous a défendu de toucher à la flamme des lampes, et si vous aviez voulu quand même y porter les doigts... ah! les pauvres doigts!... On a mis des grillages devant le foyer des cheminées.

Lorsque certaine maison du quartier a brûlé, outre que vous avez pu voir la sinistre lueur, on vous a laissé entendre que cet incendie, dans lequel des personnes ont perdu la vie, avait été allumé par des enfants désobéissants qui, malgré la défense, avaient joué avec le feu.

Mais, en vous inspirant ces craintes, qui ne sont que trop justifiées, a-t-on pensé à vous faire apercevoir en revanche tous les avantages que nous retirons de ce redoutable élément? On a bien pu l'oublier.

Et cependant voyons où en seraient les hommes si le feu n'était pas à leur disposition.

Passons même sous silence, si vous voulez, les services qu'il leur rend pour la préparation des aliments et pour le chauffage des appartements : car il est à peu près démontré que si le feu facilite, par la cuisson, la digestion de beaucoup de substances, c'est aussi à lui qu'on doit la plupart de ces raffinements, de ces complications culinaires, qui ne font que surexciter l'appétit et motiver les fatigues, puis le délabrement des estomacs auxquels la gourmandise impose trop de travail ; d'autre part, vous pouvez savoir aussi bien que moi qu'il y à sur la terre bien des pays, — c'est je crois même la majorité, — où la douceur permanente du climat permet de construire des maisons sans cheminées et même sans vitres aux fenêtres : vous en verriez des miliers comme cela, sans aller plus loin qu'en Italie ou qu'en Espagne.

C'est surtout comme agent industriel que le feu joue un rôle immense, et pour ainsi dire universel. Il existait autrefois des peuples qui, n'ayant pas l'usage du feu, étaient obligés de se faire des outils et des armes avec des pierres qu'ils façonnaient sans doute en les frappant l'une contre l'autre de certaine façon et en les usant par le frottement. On retrouve chaque jour, enfouis dans le sol, bon nombre de ces objets remontant à une époque à laquelle ils ont eux-mêmes donné leur nom : *l'âge de pierre*. Ce sont, pour la plupart, des haches, ou plutôt des espèces de coins rondement aplatis, dont vous aurez une idée assez juste si vous vous figurez une graine de lin, ou un pépin de pomme grand comme la main ; on devait emmancher ces instruments en les pinçant dans la fente d'une branche qu'on rattachait ensuite par le bout ; et il faut croire que c'était là bien plus des armes que des outils, car s'ils pouvaient servir à casser assez proprement des têtes ou des membres, il est difficile de s'imaginer qu'on pût en retirer un secours bien efficace pour les moindres travaux de la paix. On trouve aussi des espèces de petits cônes effilés qu'on suppose être des fers de flèches, et des éclats plus ou moins allongés, qu'on appelle des couteaux. Et, circonstance assez singulière, la pierre choisie par ces peuples primitifs, pour la confection de ces diverses pièces, était précisément ce même silex qui devait plus tard servir à établir le premier briquet.

C'est à l'aide du feu que se fondent, que se raffinent, que se travaillent tous les métaux, sans lesquels point d'outils, et partant point d'industrie. C'est le feu qui cuit les poteries, les briques. C'est le feu qui transforme le sable en verre ; qui fait bouillir l'eau dans les machines à vapeur ; qui sert à distiller le gaz de la houille ; qui permet la plupart des décompositions chimiques desquelles nous viennent les couleurs, les médicaments et mille autres substances. C'est le feu qui nous donne la lumière le soir, et nous arrache à l'inaction des ténèbres. C'est le feu qui... — Mais je n'en finirais pas. Il est plus simple de poser en fait, que sans le feu, les hommes seraient encore réduits à vivre à l'aventure, dans des huttes de terre ou de branchages, sans autres vêtements que des peaux de bêtes, sans autre nourriture que la viande crue, et sans pouvoir se réchauffer, du moment où les mois d'été seraient finis.

Il ne faut donc pas nous étonner si nous voyons que maintes nations ont adoré la divinité sous la forme du feu. Ce culte, professé autrefois dans toute l'Asie et, aujourd'hui encore, dans quelques contrées, était fort répandu en Amérique, quand les Européens firent la découverte du nouveau monde. Et d'ailleurs, les peuples dont nous descendons plus ou moins directement, mais qui sont nos devanciers réels dans l'histoire, les Grecs et les Romains, honorèrent le feu sous le nom de la déesse Vesta, qui, disait-on, l'avait

Les vestales et le feu sacré.

donné aux hommes. Dans le temple de cette déesse, des prêtresses étaient chargées d'entretenir sans cesse le feu sacré ; quand, par une cause quelconque, ce feu venait à s'éteindre, toute la nation était en émoi; car on voyait dans cet accident le présage de quelque grand désastre; et s'il était démontré que la négligence de la prêtresse y était pour quelque chose, la pauvre fille était condamnée à être enterrée vivante. Il fallait ensuite rallumer cérémonialement ce feu : ce qui n'était pas une petite affaire, car on s'y prenait, dit-on, comme s'y prennent les sauvages dont nous parlions tantôt, en frottant des morceaux de bois, ou bien en concentrant les rayons du soleil, non pas à l'aide d'une lentille de verre, comme nous pourrions le faire, puisque le verre n'était pas encore travaillé en lentilles, mais, sans doute, à l'aide de miroirs métalliques combinés d'une certaine façon. Le procédé, en somme, n'est pas bien clairement indiqué par les auteurs. Toujours est-il qu'il fallait que ce feu provînt du soleil, soit directement, soit par extraction des corps dans lesquels les anciens croyaient ses rayons emprisonnés, c'est-à-dire, par exemple, dans les morceaux de bois, qui s'enflammaient par la friction.

Car les anciens, comme bien des modernes, du reste, voyaient dans le soleil la vraie, la seule source de feu qui donne la vie à tous les êtres. A la vérité, sans le soleil que deviendraient animaux et végétaux?..... Mais nous savons, ou croyons savoir, de plus que les anciens, que le feu, ou, si vous aimez mieux, la chaleur, n'a pas sa source seulement dans le soleil. On suppose aujourd'hui que notre globe terrestre flotta d'abord dans l'espace, à l'état de grosse goutte de substance en fusion, fluide comme du plomb fondu; que la surface seulement s'est refroidie et a formé croûte, tandis qu'au-dessous, à une profondeur, relativement assez grande, la fusion, la fluidité existe encore. Cette opinion s'appuie d'abord sur ce fait que plus on creuse et plus on trouve une température élevée; puis sur l'existence des volcans qui, à des moments donnés, trouent la surface froide pour vomir au dehors, au milieu des flammes, avec des bruits formidables, des torrents de matière fondue ardente.

Vous connaissez tous, j'en suis sûr, ce que l'on entend par un *volcan;* aussi vais-je seulement rappeler en quelques mots les principaux traits d'une éruption volcanique. Le premier symptôme consiste en un tremblement de terre qui ébranle, à plusieurs reprises et avec une violence quelquefois très grande, le sol qui environne le volcan. Le cratère se couronne ensuite d'un abondant panache de vapeurs d'eau auxquels se trouvent mêlés différents gaz, tels que les acides carboniques, sulfureux et chlorhydriques. Les vapeurs d'eau se condensent au contact de l'air extérieur et se résolvent en une pluie d'eau bouillante. Il se produit alors un dégagement considérable d'électricité qui se traduit par des éclairs prolongés, accompagnés de véritables coups de tonnerre. Ensuite commence l'éruption proprement dite. Le cratère vomit une grande quantité de substances terreuses composées surtout de pierres ponces divisées en morceaux ou réduites en cendres. A cette pluie de pierres et de cendres succède un épanchement de *lave* en fusion. Cette matière qui s'échappe en grande quantité, soit du cratère même, soit d'une fissure quelconque, n'est autre que la substance constitutive du noyau terrestre.

On peut encore, pour soutenir la théorie du feu central, s'appuyer sur l'existance des grandes quantités de sources plus ou moins chaudes que l'on rencontre à la surface du globe.

Les plus curieuses sont les *geysers* de l'Islande. On nomme ainsi les sources d'eau bouillante qui sortent d'un petit cratère et qui s'élancent verticalement à des hauteurs parfois considérables. Dans certains geysers, l'élévation ordinaire qu'atteint la colonne d'eau est de 30 à 40 mètres, et à l'époque de certaines éruptions de l'Hécla, leur jet s'est élancé jusqu'à 100 mètres. Les habitants de l'Islande profitent de la chaleur naturelle de ces sources et les utilisent suivant leur degré de

Les geysers en Islande.

température. Ils y courbent les pièces de bois destinées au charronnage et à la sellerie, y cuisent leurs œufs, leurs légumes et leurs autres aliments, y lavent leur linge. Ils se baignent dans les sources les moins chaudes et ils prétendent que les vaches qui s'y abreuvent donnent une quantité de lait extraordinaire.

Sans aller aussi loin, vous pourriez voir, dans le midi de la France, un village où un grand nombre de maisons sont chauffées par un système de tuyaux qui amènent l'eau de la source, le long du mur intérieur, et communiquent leur chaleur à l'air des chambres, ainsi que le feraient des tuyaux de poêle.

Mais, descendant du soleil ou montant du sein de la terre, qu'est-ce que le feu? — Encore une de ces questions auxquelles les plus savants parmi les savants ne sauraient répondre. D'ailleurs, je vous l'ai déjà dit, il ne faudrait pas se moquer des savants parce qu'ils n'ont pas encore pénétré les secrets de la nature, et d'autant moins qu'ils sont souvent les premiers à convenir ingénument de leur peu de science. « Ce que je sais, disait le docte, le sage Socrate, c'est que je ne sais rien. » Il y avait en Allemagne, dans le siècle dernier, un bibliothécaire qui pouvait, à bon droit, passer pour un des hommes, les plus instruits de l'époque. Or voilà qu'un jour, certain étudiant assez évaporé vient à la bibliothèque, et, s'adressant à notre homme, lui demande un renseignement historique ou scientifique : « Je ne sais pas, » avoue franchement le bibliothécaire, que la question trouve en défaut.

Et le jeune homme de s'écrier : « Quoi! monsieur, vous ne savez pas cela; mais l'empereur vous paye pour le savoir.

— Ah! monsieur! l'empereur me paye, c'est vrai, mais seulement pour ce que je sais; car s'il devait me payer pour ce qui me reste à savoir, tous ses trésors n'y suffiraient pas... »

Et le savant avait bien raison : plus on avance dans la science et plus les bornes s'en reculent; plus on explore ce champ et plus il vous paraît vaste. D'ailleurs les choses les plus simples sont souvent celles qui vous échappent, pendant que vous êtes tout occupé des grandes ou prétendues grandes : c'est ce que démontre l'anecdote suivante.

Un savant, que vous voyez d'ici bien vieilli, bien cassé par le travail, bien ridé par les réflexions, bien jauni par le reflet des grimoires, un savant est dans son cabinet, tout bourré de gros livres; des bûches flambent dans l'âtre.

— Toc, toc!

— Entrez.

C'est une fillette à l'air le plus innocent, le plus simple.

« Monsieur le savant, ma mère m'envoie vous demander si vous voulez me donner un peu de votre feu pour allumer le nôtre.

— De grand cœur, ma chère enfant; mais avez-vous quelque chose pour l'emporter?

— Et! j'ai ma main, pardienne!

— Mais vous vous brûlerez?

— Oh! uenni!

— Pourtant...

— Voyez, comme ça : il n'y a pas de danger. » Et la fillette, se baissant devant le foyer, emplit de cendres le creux de sa main, pousse par dessus deux ou trois petits charbons ardents. Puis se relevant, et faisant la révérence au vieillard ébahi :

« Merci bien, monsieur le savant! » Et elle sort tranquillement.

Alors le savant, singulièrement dépité contre lui-même, de se frapper le front, en disant : « Encore quelque chose que je ne savais pas, et que cette ignorante enfant est venue m'apprendre. Ah! la science! la science!... »

Et il se remet à étudier.

LE PAIN

Le méfait d'un écolier. — Les idées de mon grand-père sur le pain. — Opinion des campagnards. — Le labour. — Les semailles. — La moisson. — Le battage. — Le travail du meunier et du boulanger. — Histoire du pain. — Les mangeurs de bouillie. — Plaute tournant la meule. — Un heureux trait d'avarice.

Tantôt, dans la rue, j'ai aperçu par terre, s'imbibant de l'eau fangeuse du ruisseau, une petite tranche de pain blanc : quelque tartine dont un écolier, sans doute, s'était débarrassé avant de rentrer en classe. Or, voici qui vous paraîtra peut-être singulier : ce morceau de pain pouvait avoir une valeur de deux ou trois centimes au plus ; et pourtant j'ai été peiné de le voir se perdre, autant que s'il se fût agi de quelque objet d'un prix inestimable.

D'où me vient cela? Cela me vient de mon

grand-père, qui professait une sorte de vénération, je pourrais presque dire de culte pour le pain, et qui avait trop souvent manifesté ce sentiment devant moi, pour que je n'en aie pas gardé au moins le respectueux souvenir.

« Le pain, — nous disait-il, — le pain, voyez-vous, mes enfants, est le premier, le plus précieux, le plus magnifique présent que nous ayons reçu du ciel. Vit-on jamais personne ressentir seulement le moindre malaise, pour avoir mangé du pain? Tous les jours on mange du pain, et loin de s'en dégoûter, comme on ferait de tout autre aliment, on l'aime toujours autant, sinon de plus en plus. Seul, il est savoureux, et se marie convenablement à tous les mets, dont il ne fait jamais que relever la saveur. Ne désespérez pas du malade qui trouve encore le pain bon, et tenez pour sauvé celui à qui le goût en revient. Que dit-on de quelqu'un qui a le meilleur des caractères? — Qu'il est bon comme le bon pain. Qu'est-ce que Notre-Seigneur Jésus-Christ nous commande de demander dans cette belle prière qu'il a dictée lui-même? — Notre pain quotidien. — Et quand il voulut prendre un symbole pour la communion, ce fut le pain qu'il choisit. Respectez le pain, enfants, le pain qui est le plus pur produit du travail de l'homme. Souhaitez du pain à tous, donnez-en, quand vous pourrez, le plus que vous pourrez, mais ne le jetez jamais : malheur à celui qui aura jeté le pain, car, de même que celui qui aura détruit le nid de l'hirondelle errera un jour sans abri, de même celui qui aura jeté le pain que Dieu lui avait donné par le travail dira plus tard en pleurant : « Ah! si j'avais le pain que j'ai jeté! »

Ainsi parlait mon grand-père, que je vois encore, à la fin des repas, happer, du bout de son doigt, jusqu'aux dernières miettes tombées sur la nappe, pour n'avoir pas à se reprocher d'avoir perdu par sa faute l'équivalent d'un grain de blé.

Mon aïeul, mes enfants, ne faisait, au reste, que traduire une opinion reçue dans le monde rustique où il était né et où il avait longtemps vécu. A la campagne, en effet, il est de croyance générale que celui qui jette le pain en sera plus tard privé. Ah! c'est que les paysans, les travailleurs par excellence, semblent avoir instinctivement besoin que leur tâche revête une sorte de caractère moral très élevé.

Je ne voudrais pas affirmer que Dieu, — en qui j'aime à voir la source de toute miséricorde, — ratifie toujours rigoureusement la sentence portée par les hommes contre des coupables, qui, le plus souvent, n'ont péché que par étourderie.

mais, pour ce qui est du respect que leur inspire le pain, je suis tout à fait en communauté d'idées avec les campagnards.

Au reste, il se pourrait bien que ce sentiment né chez moi, en quelque sorte d'une manière irréfléchie, de mon respect pour la mémoire paternelle, eût été fortifié plus tard par mes propres réflexions.

Avez-vous quelquefois songé à tout ce qu'il faut d'efforts, de soins, de travaux pour amener sur nos tables le morceau de pain que vous mangez? Non, n'est-ce pas. Voulez-vous que nous tâchions d'en prendre une idée sommaire?

— Oui.

— Eh bien, allons. Nous sommes en octobre, les pluies d'automne ont pénétré et ramolli la terre, qu'avaient durcie les chaleurs de l'été. Le paysan a fait sortir de l'étable les grands bœufs, qu'il accouple sous le joug, et qui s'acheminent dociles vers les champs à labourer. Ils traînent derrière eux, sur une claie, la charrue dont le fer doit fouiller le sol. C'est une rude besogne qu'ils vont faire là; rude aussi pour le laboureur qui les guidera. Si vous avez vu quelquefois labourer, il a pu vous sembler que l'homme qui marchait derrière les bœufs n'avait qu'à tenir machinale ment une main sur le *manche* de la charrue, tandis que de l'autre il aiguillonne de temps en temps ses bêtes, à l'aide du grand bâton pointu dont il est armé : erreur. Pendant que les bœufs tirent de toute leur force sur le soc, c'est au laboureur à soulever l'instrument pour qu'il morde plus ou moins, à l'obliquer de droite, de gauche, pour faire égal le sillon ; et le soc ne fend pas la terre sans éprouver des chocs que les bras du laboureur ressentent aussi bien que le front des bœufs. Rude corvée, dure pour les uns et pour les autres ; rude et longue, car il faut bien des heures pour qu'un champ soit remué par *tranches* successives. Que d'allées et de venues! Très souvent le laboureur chante, et ce chant n'est pour vous qu'un indice de gaieté ; tandis que, pour lui, ce chant est comme une obligation du métier. Remarquez que c'est toujours une chanson lente, traînante, qu'il dit, ou plutôt qu'il envoie à pleins poumons à l'oreille de ses bœufs : car, vous ne vous en doutez pas, c'est à l'intention de ses bœufs qu'il répète sa chanson. Savoir bien chanter *aux* bœufs est un talent fort apprécié chez un laboureur. Les bœufs à qui l'on chante avec la cadence, avec le rthyme convenables, travaillent d'autant mieux, et paraissent d'autant moins se fatiguer. « La chanson vaut l'aiguillon, » affirme un proverbe que mon grand-père répétait. C'est pourquoi la chanson du laboureur a ce caractère de lenteur et de longue haleine, qui s'accorde avec le pas mesuré des bœufs et avec la puissante continuité de leurs efforts.

Le labourage.

Enfin, la charrue a passé partout ; il n'est pas dans le champ un espace grand comme la main qu'elle n'ait fouillé, retourné, pour que l'air pénètre autant que possible la couche végétale (car l'air est aussi nécessaire à la végétation que la terre et l'engrais.) Quelquefois ce labour se répète, ou plutôt n'est qu'une répétition de celui qui a été déjà donné après l'enlèvement de la précédente récolte.

Il faut semer, c'est-à-dire confier à la terre le grain dont elle doit opérer la multiplication. On lui donnera un boisseau de blé, ce sera pour en avoir dix, ou quinze ou vingt, selon son plus ou moins de fertilité.

Le paysan s'est attaché autour du corps un drap, formant devant lui une poche qu'il tient ouverte du bras gauche, et dans laquelle il puise à pleine main le grain qu'il répand en marchant systématiquement, à pas comptés. Là, peu de fatigue, mais, en revanche, ce n'est pas affaire au premier venu de savoir bien rendre régulier le jet de la semence. Si grossier qu'il vous paraisse, il fait preuve d'une singulière adresse, le semeur qui, en ayant l'air d'éparpiller le grain au hasard, agit de telle sorte que partout il en tombe une quantité à peu près égale.

Le grain répandu, il faut *herser*, ou, si vous aimez mieux, faire en grand ce que le jardinier fait en petit avec son râteau. La *herse*, espèce de claie armée de longues dents, n'est qu'un grand et lourd râteau. Les bœufs encore la promènent.

et les dents qui ouvrent ou rebroussent légèrement la terre couvrent le grain, qui ne tarde pas à germer.

Et l'on en a fini des travaux d'automne.

Au printemps, quand la terre, qui s'est reposée

Les semailles.

l'hiver, se reprend à travailler, il faut *sarcler*, *échardonner*, c'est-à-dire enlever, une à une, du champ qu'elles envahissent les herbes étrangères; le chardon surtout, espèce de glouton toujours prêt à s'approprier les sucs dont le blé a besoin.

En juillet, c'est la moisson. Le soleil darde alors ses plus ardents rayons. Il faut du courage, de l'énergie, croyez-le bien, pour aller, la faulx à la main, abattre ces forêts de tiges qui portent les épis. Pendant que nous cherchons l'ombre, en nous lamentant même du malaise que nous cause la chaleur, on peut voir les moissonneurs courbés du matin au soir sur les sillons brûlants, où ils couchent les *javelles*, dont ils feront ensuite des gerbes.

Ces gerbes bien séchées par le soleil, on les transportera à l'*aire*. L'aire est un espace de terrain plane et dur sur lequel on délie et étale les gerbes pour les *battre*, c'est-à-dire pour frapper dessus à tour de bras avec un instrument qu'on nomme *fléau*. Si l'on frappe ainsi, — et Dieu sait combien ce travail est fatigant, — c'est pour faire sortir les grains des alvéoles de l'épi. Puis on *vanne* le blé, en le secouant dans de grandes corbeilles plates, ou en le jetant au vent pour le séparer de la *balle* et des fètus auxquels il est encore mêlé.

Et l'œuvre du paysan est finie. Mais remarquez que je n'ai tenu compte que de ses travaux matériels, sans faire entrer en ligne les ennuis, les préoccupations, les déboires qui sans cesse viennent l'assaillir. Que, pendant l'hiver trop rude, de fortes gelées succèdent à des pluies, et la terre, en se serrant sous l'effet du froid, coupera les fines tiges du blé, et labour et semence seront perdus : que le printemps ou l'été soient trop humides, et

Battage.

il ne poussera que de la paille ; trop secs, le grain sera pauvre et rare. Qu'un orage éclate alors que le champ est couvert d'une récolte aussi lourde que drue, et les trombes d'eau *coucheront* le blé qui ne saurait plus mûrir. La grêle aussi peut passer, qui hachera tout. Puis la *carie*, affreuse maladie causée par d'invisibles champignons noirs, peut s'attaquer au grain qu'elle rougira. Puis, au lieu de grandes chaleurs utiles aux moissons, il arrivera peut-être une suite de jours pluvieux, qui empêcheront d'enlever les gerbes et qui feront germer le grain sur la terre mouillée. Ou, encore, c'est un vent brûlant qui desséchera et égrènera les épis avant qu'on ait le temps de les cueillir. Que sais-je? j'en passe, et des pires. Les années ne sont que trop fréquentes, où le pauvre cultivateur qui a tant travaillé, tant espéré, voit tout d'un coup lui échapper le fruit si bien mérité de son labeur et de ses soins.

Mais je veux supposer que la récolte a été abondante. Du blé au pain, la distance est encore grande. Des mains du batteur et du vanneur, le grain passe aux mains du meunier.

Celui-là a chez lui une machine que met en mouvement l'eau, le vent ou la vapeur, et qui est composée de deux larges meules de pierre, l'une tournant sur l'autre. Par un trou pratiqué au centre de celle qui tourne, passe le grain que les meules écrasent et qui tombent par le côté, réduit en farine; mais la farine est encore mélangée au son. On opère la séparation à l'aide de grands tamis tournant au-dessous des meules.

Enfin, l'on porte les sacs de farine blanche au boulanger.

Celui-là en emplit une auge où il verse de l'eau et met un peu de *levain*. Puis il pétrit le tout ensemble, et Dieu sait si la besogne est rude! Vous avez certainement entendu les pénibles gémissements que poussent les ouvriers boulangers. Tant geignent-ils même, pour s'aider dans leurs efforts, que le nom de *geindres* leur est resté.

Quand la pâte est suffisamment *levée*, ils la coupent, la divisent en pains, qu'ils placent sur de grandes pelles plates pour les introduire dans le four. Une heure de séjour environ dans cette chambre suffit à cuire le pain, à former autour de la mie spongieuse cette croûte brune, dorée qui est la partie la plus savoureuse du pain.

Enfin, le boulanger nous vend cet aliment aussi sain que substantiel qui figure avec le même honneur sur la table des rois et aux repas du pauvre.

Je vous ai dit à peu près l'histoire d'un morceau de pain : puisse-t-elle vous avoir paru justifier les sentiments dont je vous entretenais en commençant. Quant à l'histoire du pain, proprement dite, je vais peut-être vous étonner en vous affirmant que l'industrie du meunier et celle du boulanger, aussi simple qu'elles puissent vous sembler,

4

ne furent cependant pas de celles qui arrivèrent le plus tôt à un état de perfection relative.

Au commencement (et, soit dit en passant, bien des peuples en sont encore à ce commencement), on se bornait à faire légèrement griller les épis qu'on cueillait avant leur entière maturité. On les passait sur le feu ; et en les frottant ensuite entre les mains, on détachait les grains dont on se régalait sans plus de cérémonie.

Un peu plus tard, on fit cuire, ou on laissa se ramollir les grains dans l'eau, et on obtint des bouillies. Les Romains, dans les premiers temps de la république, ne s'alimentaient pas autrement : ce qui leur a valu le surnom quelque peu ironique de *mangeurs de bouillies*.

Un beau jour, cependant, — c'est du moins un respectable philosophe qui le raconte, — on remarqua que les grains, d'abord roussillés, étaient ensuite broyés par les dents, puis que leur substance, délayée par la salive et remuée par la langue, descendait dans l'estomac, où elle recevait le degré de cuisson qui la rendait propre à être convertie en nourriture. On imita donc, — c'est toujours notre vieux sage qui parle, — l'action des dents, en broyant les grains entre deux pierres on mêla ensuite la farine avec de l'eau, et, en remuant, en pétrissant ce mélange, on obtint une pâte, qu'on fit cuire sous la cendre chaude ou de quelque autre manière. Toujours est-il, qu'ayant reconnu l'opportunité de pulvériser les grains pour en faire des pâtes, on dut s'ingénier à la recherche des moyens pratiques à remplir ce but. Aux deux pierres manœuvrées à la main, succédèrent les pilons, puis aux pilons, les moulins ; mais les meules étaient à l'origine de véritables ustensiles de ménage. Dans chaque maison s'opérait à bras la mouture du blé nécessaire à l'alimentation de la famille, absolument comme aujourd'hui chacun moud son café.

Peu à peu cependant les meules, d'abord d'un poids modéré, se firent de plus en plus lourdes, parce qu'on voulut avoir de la farine plus fine. Et alors tourner la meule devint une terrible besogne que l'on faisait accomplir par les esclaves ou par les citoyens les plus nécessiteux. Samson, le fameux guerrier d'Israël, par exemple, devenu prisonnier des Philistins, tournait chez eux la meule. Un des écrivains dramatiques les plus célèbres de Rome, Plaute, ruiné dans des entreprises commerciales, tournait la meule pour les uns et pour les autres, afin de gagner de quoi vivre et de quoi se libérer envers ses créanciers. Cléanthe, un illustre philosophe grec, tournait la meule la nuit, pour avoir la faculté de s'appliquer à l'étude et à la pratique de la sagesse, sans être obligé de demander rien à personne. On raconte même qu'un de ces disciples, s'étonnant de le retrouver après plusieurs

Plaute tournant la meule.

années, faisant encore ce métier: « Puisque ce métier m'assure l'indépendance et la dignité, lui répliqua le philosophe, pourquoi cesserais-je de le faire? » Tourner la meule pour le compte de l'État fut aussi un supplice auquel étaient condamnés les malfaiteurs et les vagabonds. Petit à petit, les meules de forme ronde furent remplacées, chez les Romains, par l'assemblage d'un tronc de cône plein et d'un tronc de cône évidé. La mouture s'opérait entre la surface extérieure du premier et la surface intérieure du second; ce nouveau moyen leur permit de se faire aider par les animaux.

Ce fut seulement vers la fin de l'empire romain, c'est-à-dire trois cents ans environ après Jésus-Christ, que l'on connut les premiers moulins à eau. Quant aux moulins à vent, on croit qu'ils ne furent employés en Europe qu'après les croisades. Ce qu'il y a de certain, c'est que, pendant bien des siècles, on consomma la farine telle qu'elle sortait du pilon ou du moulin, c'est-à-dire sans la séparer du son. Quand on s'en avisa, on ne tarda pas à voir des industriels qui, un *sas* ou *tamis* sur l'épaule, s'en allaient par les rues, criant : « Farine à tamiser! voilà le tamisier! » Et les ménagères faisaient entrer chez elles l'homme au tamis, qui, moyennant salaire, se chargeait d'opérer la séparation du son et de la farine moulus dans la maison.

Ce ne fut, pour ainsi dire, qu'aux temps les plus rapprochés de nous que l'idée vint d'adapter au mécanisme qui fait mouvoir les meules, des espèces de cages rondes garnies de canevas, dans lesquelles la farine tombe, aussitôt produite, et qui la tamisent en tournant.

Mais, tantôt, quand je vous donnais un aperçu des travaux du boulanger, n'ai-je pas prononcé certain mot de *levain,* de pâte *levée,* dont la signification vous a échappé?

C'est que, sans levain, il n'y a pas de boulangerie possible.

Or, qu'est-ce que le levain?..... Vous allez voir que l'avarice peut, elle aussi, être, d'aventure, bonne à quelque chose.

C'était, il y a bien longtemps, très longtemps, à l'époque des patriarches, je crois. On savait alors broyer, moudre le grain; on en obtenait de la farine, qu'on délayait avec de l'eau, qu'on pétrissait soigneusement, qu'on faisait déjà cuire dans des espèces de fours, et le produit de cette opération, qui portait aussi le nom de pain, était déjà un aliment très estimé, très répandu; mais ce pain devait ressembler à notre pain d'aujourd'hui à peu près comme le jus bourbeux et douceâtre d'une grappe de raisin écrasée au fond d'un verre ressemblerait à du vin clair et capiteux; en d'autres termes, au lieu d'avoir l'aspect léger, *troué,* et la saveur particulière de notre pain actuel, ce pain d'autrefois devait être massif, compacte, et singulièrement fade, si on n'avait eu soin d'épicer ou de sucrer au préalable la pâte; puis encore, au lieu que ce fût l'aliment digestif par excellence que vous savez, cette espèce de tourteau serré devait peser singulièrement sur l'estomac.

Or, voilà qu'un jour, certain avare ayant par hasard oublié un peu de pâte dans le coin de sa huche (c'est l'auge où l'on pétrit le pain), la retrouva plusieurs jours après, lorsqu'il voulut pétrir de nouveau. Tout autre se fut hâté de jeter au loin ce méchant résidu, qui flairait l'aigre et même un peu le moisi; car il ne faut pas longtemps pour qu'un commencement de putréfaction se manifeste dans de la farine délayée, et l'on devait déjà savoir que les aliments corrompus peuvent être nuisibles à la santé. « Ah! bah! dit pourtant notre homme, dans la quantité ça ne paraîtra pas : et au moins il n'y aura rien de perdu! » Sans plus délibérer, il mélangea donc la pâte ancienne à la pâte nouvelle, pétrit son pain comme si de rien n'était, le mit au four... et, merveille des merveilles! dans quel profond étonnement fut jeté ce ladre aventureux quand il reconnut que, par l'adjonction d'un morceau de pâte au quart corrompue, son lourd, fade et indigeste tourteau coutumier s'était métamorphosé en un mets aussi léger que savoureux, aussi appétissant que facile à digérer.

Bref, une grande découverte était faite, car la véritable boulangerie date seulement du jour où il fut reconnu que l'on ne pouvait obtenir du pain sain et délicat, qu'en provoquant dans la pâte fraîche une légère fermentation à l'aide d'un peu de pâte vieillie.

Et comme cette fermentation produit un boursouflement dans la masse pétrie, on a donné le nom de *levain* au morceau de pâte aigrie, qui la fait s'établir.

Ce principe trouvé, les anciens surent, paraît-il, le mettre singulièrement à profit, car nous voyons, par exemple, dans les auteurs latins, que les boulangers de Rome fabriquaient toutes espèces de pains plus savoureux les uns que les autres, à tel point qu'un satirique pouvait avec raison dire à certain gourmand, qui faisait trop essentiellement un dieu de son ventre :

« Si tu avais consacré à l'acquisition de la science et de la philosophie la dixième partie des soins et de l'argent que tu as dépensés pour que ton boulanger te fît de bon pain, depuis longtemps tu serais homme de bien. »

Quelque considération que je puisse avoir pour le pain, voilà un gaillard que pourtant je ne vous conseille pas d'imiter.

LE VIN

Un titre assez mal justifié. — Le principe de l'animal raisonnable.— La cause des invasions. — La fermentation.— La vache au lait et la vache au café. — Le vin rouge et le vin blanc. — Les dérivés du vin et ses suppléants.— Une boisson nationale. — Un livre à faire. — Noé. — Bacchus. — Les Ilotes. — Les femmes romaines. — Alexandre et Clitus. — Domitien et les vignes. — L'éducation d'un sultan. — Le dernier tableau de Miéris. — Le coup de l'étrier. — Deux histoires de tonneau.— Une statistique.

Quand l'homme fait la revue des êtres qui peuplent la terre, il est obligé, bon gré, mal gré, de se ranger lui-même au nombre des animaux.

Cela étant, vous avouerez que, pour tel membre du genre humain dont on admirera la beauté, l'esprit, le génie, il sera on ne peut moins agréable d'entendre un naturaliste argumenter de façon à démontrer que ce monsieur, qui fait les délices ou l'étonnement de la société, est un simple animal, absolument comme le baudet, connu par son entêtement stupide et la haute puissance de son organe vocal, ou comme cet autre individu, fort peu soigneux de sa personne, que la vieille légende a donné pour compagnon à saint Antoine, le patron des charcutiers.

« Eh bien, soit ! dira l'homme, qui n'est jamais à court d'expédients quand son amour-propre est en jeu, animal, j'y consens, mais animal *raisonnable.* »

C'est le titre qu'il prend, qu'il se donne, en même temps que celui de *roi de la création.*

Or, il arrive souvent que ce soi-disant animal raisonnable se distingue des autres animaux, selon lui privés de raison, en agissant de telle sorte que sa raison l'abandonne tout à fait, et que le roi de la création devient le plus insensé, le plus extravagant, pour ne pas dire le plus abject, de tous les êtres.

La cause de cette singulière inconséquence est bien simple : c'est qu'au lieu de boire dans le but unique d'apaiser sa soif, comme font généralement ses confrères de la grande famille animale, l'homme s'avise souvent de boire pour le seul plaisir de boire. A vrai dire, si, comme les autres animaux, il s'en était tenu à la saine et économique liqueur que la nature lui offre partout, il est probable que, à l'exemple des autres animaux, il ne boirait encore que lorsque la soif l'y engagerait. Mais l'eau, ce breuvage par excellence, qui suffit à désaltérer tous les êtres *non raisonnables*, l'eau lui a semblé trop fade, trop innocente; et Dieu sait ce qu'il a imaginé pour n'être pas réduit à la boisson qu'on pourrait appeler naturelle, et surtout pour donner à diverses préparations la vertu de lui déranger l'esprit, de lui ôter la raison. Il obtient ce résultat par l'usage des boissons fermentées, qui ont pour effet, quand elles sont prises à trop forte dose, d'activer outre mesure le mouvement du sang et de troubler les fonctions du cerveau. Il tombe alors dans cet état de vertige qu'on est convenu d'appeler l'*ivresse*, véritable accès de folie volontaire qu'aucun autre animal ne connaît ni ne recherche, et c'est là, soit dit en passant, un privilège auquel l'homme aurait dû renoncer depuis longtemps, dans l'intérêt des autres en général et dans son propre intérêt en particulier; car il n'est guère de malheurs que l'ivresse n'ait attirés, aussi bien sur l'être qui s'y abandonne que sur ceux qui vivent ou dans son entourage ou sous sa dépendance.

Le vin, produit de la vigne, est en même temps la plus ancienne et la plus estimée de toutes les boissons fermentées connues. Son rôle est grand dans l'histoire des peuples. On va jusqu'à croire que nos ancêtres, les Gaulois, qui, de leur temps, donnèrent de terribles préoccupations aux fameux Romains, ne furent attirés en Italie que par le désir d'habiter le pays où croissait la vigne. On raconte

Les petits vendangeurs.

que quelques-uns d'entre eux, qui par hasard étaient allés au midi et avaient bu du vin, employèrent, pour convier leurs compatriotes à la conquête des contrées méridionales, une singulière espèce d'exhortation. Ils leur envoyèrent pour tout message des cruches de vin. On ajoute qu'aussitôt des troupes innombrables de Gaulois, qui habitaient alors les forêts de l'Auvergne, du Berry, de la Bourgogne, où ils se nourrissaient de glands et s'abreuvaient d'eau claire, se mirent en marche dans la direction indiquée par les messagers porteurs de cruches de vin. Nous savons qu'ils ne s'arrêtèrent qu'après avoir saccagé Rome; qu'ils furent enfin mis en déroute et qu'ils périrent en grand nombre. Toutefois, ceux qui revinrent acclimatèrent dans leur pays le précieux arbrisseau qui avait été le motif premier de l'expédition. Ce fut l'origine de nos célèbres vignobles actuels. On dit aussi que de même que la vigne, ou plutôt le vin, avait attiré les Gaulois en Italie, de même les Francs, qui habitaient les bois de la Germanie, ou Allemagne, furent amenés en Gaule par l'envie de se désaltérer avec le jus vermeil qui se récoltait sur les coteaux gaulois. Enfin l'on a encore remarqué que, depuis l'époque où la vigne a été naturalisée partout où le climat rend la chose possible, les peuples de l'Europe, contents de leur sort, ont cessé d'accomplir ces migrations, ces invasions qui causèrent tant de bouleversements, tant de sanglants désastres.

Mais j'ai rangé le vin au premier rang parmi les boissons *fermentées*. Qu'est-ce donc qu'on entend par boisson fermentée?

Le vin, vous le savez, est fait avec le raisin; or, il vous est bien certainement arrivé d'écraser un jour quelques grains de raisin dans un verre et de reconnaître, en dégustant l'espèce de bourbe douceâtre que vous avez alors obtenue, que cela n'avait ni l'aspect, ni la saveur, ni le *montant*, ni la *chaleur* qui distinguent le vin proprement dit.

C'est qu'il manquait à ce liquide d'avoir été en quelque sorte transformé par la *fermentation*. Si, au lieu d'en juger par l'état primitif, vous l'eussiez laissé livré à lui-même pendant quelque temps, vous auriez pu voir au bout d'un certain nombre d'heures ou de jours, selon la qualité du raisin, une véritable ébullition s'établir peu à peu dans ce jus, qui aurait alors perdu sa douceur et contracté l'âpreté particulière que vous trouvez ordinairement dans le vin qui paraît sur nos tables. Si, pendant que durait l'ébullition, ou plutôt la fermentation, vous vous étiez penché sur le vase qui contenait le raisin écrasé, vous auriez senti qu'il s'en exhalait une vapeur légèrement suffocante. Voici ce qui se passait : la fermentation établie faisait que le sucre du raisin, par une opération chimique naturelle dont nous n'avons qu'imparfaitement le secret, se changeait en alcool, tandis que dans l'air se dégageait ce gaz qui fait mousser le vin de Champagne, quand on a eu le soin d'emprisonner ce vin avant que le gaz ait pu s'évaporer.

Ce gaz est si abondant que, dans les endroits clos, où le vin fermente en grande quantité au moment des vendanges, il arrive très souvent que des vignerons qui travaillent à remuer le vin dans les cuves s'en trouvent asphyxiés, absolument comme si on les enfermait dans une chambre où brûleraient plusieurs réchauds de charbon ; car le gaz qui s'échappe du jus de raisin en fermentation, et qui d'ailleurs porte le nom de gaz *carbonique* (ou du charbon), est identique à celui qui émane des réchauds.

On conte qu'une fois certain petit garçon, qui voyait paître dans un pré une vache noire à côté d'une vache blanche, s'avisa d'affirmer que ces deux braves bêtes contribuaient, chacune pour une part bien distincte, à la fourniture de son déjeuner : la vache blanche donnait le lait et la noire le café. Sans vouloir vous prêter une pareille naïveté de raisonnement, je crois que je ne m'aventurerais pas beaucoup en vous attribuant cette supposition, que la couleur du vin dépend immédiatement de la couleur du raisin. Et pourtant si, un jour de cet automne, vous voulez bien écraser dans un verre quelques grains de raisin blanc et dans un autre verre quelques grains de raisin noir ou rouge, il vous sera facile d'acquérir la preuve que les deux liquides sont de la même teinte, c'est-à-dire d'un blanc verdâtre ou jaunâtre. Comment donc s'établit la différence? De la plus simple manière. Le vin rouge doit, en

Le pressoir.

effet, sa couleur à celle du raisin qui le produit : mais cette couleur n'étant inhérente qu'à la *peau* des grains et non à la pulpe juteuse qui y est renfermée, il faut que, après que le raisin a été écrasé, on laisse le *moût* (c'est le nom qu'on donne au jus de raisin) en contact avec la peau de grains pendant le temps de la fermentation, pour qu'il en prenne la couleur. Si, au lieu de faire ainsi, on séparait le jus de la peau colorée, le vin resterait blanc. Aussi voyons-nous que, dans beaucoup de vignobles qui sont exclusivement renommés pour leurs vins blancs, on ne récolte guère que des raisins noirs.

La vendange faite, on porte immédiatement les grappes sous le *pressoir*, grande machine qui est destinée à serrer la masse des raisins jusqu'à ce que tout le jus en soit extrait, et l'on recueille ce jus que l'on fait *cuver* (fermenter) quand on veut obtenir du vin blanc sec (qui n'est pas doux), ou que l'on met presque aussitôt en bouteilles (après quelques préparations toutefois) si l'on vise à produire du vin doux et mousseux.

« Le vin, dit un grand médecin, serait une sorte de remède universel, si on en usait avec modération. Il est sans conteste le plus excellent fortifiant que la nature nous ait donné ; mais toutes ces bonnes qualités se pervertissent par l'abus, car le vin pris avec excès échauffe beaucoup. Outre l'ivresse, qui fait moralement tomber si bas la plus intelligente des créatures, il produit plusieurs maladies fâcheuses : l'hydropisie, l'apoplexie, etc. »

C'est à l'*alcool* qu'il contient que le vin doit ses principales qualités : bienfaisantes, si on sait en user raisonnablement; pernicieuses, si on fait la sottise d'en abuser. L'alcool s'obtient par la *distillation*, opération qui consiste à faire bouillir le vin dans un vase clos et à recueillir, à l'issue d'un tuyau qui correspond à ce vase, la vapeur que produit cette ébullition, et qui s'est condensée en se refroidissant.

Tout d'abord, on n'a pour résultat que la liqueur connue ordinairement sous le nom d'*eau-de-vie*, que les sauvages appelent *eau de feu*, et qui est l'alcool uni à plus ou moins d'eau; si l'on veut avoir l'alcool très pur, il faut *distiller* à plusieurs reprises; à chaque ébullition, le liquide, en se débarrassant de l'eau à laquelle il est mêlé, acquiert une force plus grande.

Le vin, par l'effet d'une seconde fermentation, acquiert une saveur acide qui le change en vinaigre (vin aigre), et, sous cette forme, il est encore d'une utilité incontestable. On s'en sert pour beaucoup d'assaisonnements; mais on peut, en outre, en l'étendant d'eau, en composer une des boissons les plus saines, surtout à l'époque des chaleurs. Les soldats romains se désaltéraient ordinairement avec la *pasca*, qui n'était autre chose qu'un mélange d'eau et de vinaigre. Ainsi s'explique que lorsque Jésus-Christ, agonisant sur la croix, demanda à boire, un des gardes lui ait présenté au bout d'une lance une éponge imbibée de vinaigre.

Dans nos contrées, le vin est d'un usage à peu près général, mais la vigne ne pouvant prospérer et produire ses fruits que sous des latitudes tempérées, il s'en est suivi que bien des peuples placés sous un ciel ardent ou trop rigoureux, et désireux cependant d'avoir à bon compte une boisson fermentée, ont demandé à d'autres végétaux des suppléants du vin. La liste de ces diverses compositions serait infinie, car il n'est guère de nation qui n'ait trouvé quelque breuvage capable de réconforter et d'enivrer.

La *bière*, obtenue par la fermentation de l'orge et de la fleur du houblon, est une boisson saine et nourrissante.

On fait d'abord germer l'orge; et, lorsque les germes ont la longueur des grains, on les fait griller, puis on les écrase et on les met bouillir avec des fleurs de houblon.

Lorsque ce mélange est bien cuit, on le laisse refroidir, ensuite on le clarifie, et, après quelques jours, on le met dans des fûts, que l'on place à la cave.

Peu après, on peut consommer la bière, qui sera alors fraîche, limpide, d'un beau jaune, donnant une belle mousse blanche.

Si elle était prise avec excès, la bière aurait les mêmes inconvénients que le vin, elle enivrerait.

Le *cidre*, tiré de la pomme, est une boisson d'un usage journalier en Normandie, en Bretagne.

Pour l'obtenir, on cultive des espèces spéciales de pommes, que l'on ne pourrait manger, à cause de leur âcreté.

Lorsqu'on a récolté les pommes, on les expose au soleil pendant plusieurs jours pour en achever la maturité, on les écrase ensuite sous une meule verticale en bois tournant dans une auge ronde.

Quand les pommes sont écrasées, on les met immédiatement en presse, à la manière du raisin ; aussitôt que le jus extrait de la pulpe par le pressoir est bien limpide et d'un beau jaune ambré, on le loge en tonneau, et le cidre est alors bon à boire, seulement il est doux ; ce n'est que plus tard qu'il prend sa saveur acide et amère.

Avec la poire on fait, comme avec la pomme,

et par les mêmes procédés, une liqueur que l'on nomme *poiré*.

Elle n'est pas d'un usage aussi répandu que le cidre et contient beaucoup plus d'alcool que ce dernier.

Il y a beaucoup d'autres liqueurs faites avec des baies et des fruits, avec du lait, du miel, le suc de quelques arbustes; mais le vin, la bière et le cidre sont les plus connues de toutes ces boissons; il en est une cependant qui, pour ne jouir que d'une célébrité fort restreinte, me semble mériter néanmoins une attention toute spéciale, non pas peut-être en tant que finesse de goût, — dont je n'ai jamais été à même de juger, — mais au moins en tant que procédé de fabrication :

« Dans l'Amérique espagnole, dit un écrivain digne de toute créance, la graine du *maïs* sert à la préparation d'une boisson enivrante appelée *chicha*. Après avoir été grillée et réduite en farine grossière, elle est confiée aux membres de la famille et aux amis du consommateur, lesquels la lui rendent *après l'avoir mâchée et réduite en bouillie*. Cette pâte *insalivée*, nommée *mastiga*, est ajoutée à une décoction de maïs que l'on soumet à une nouvelle ébullition, et qu'on laisse ensuite fermenter pendant trois jours ; et l'on a enfin la *chicha*, qui constitue la boisson nationale du pays. »

Ce n'est pas plus difficile que cela. — Eh bien, nationale ou non, savoureuse ou insipide, voilà, je le déclare, une boisson qui me ferait difficilement oublier le clair breuvage que le bon Dieu fait sourdre pour tous du sein de la terre, et je crois qu'on trouverait, au moins en France, beaucoup de gens de mon avis.

Qu'en pensez-vous?...

Un de mes amis, grand compulseur de vieux écrits, me disait un jour :

« J'imagine qu'on ferait un livre aussi intéressant que volumineux, si l'on voulait recueillir seulement les principaux faits qui se rattachent à l'histoire du vin en particulier et des boissons spiritueuses en général. On trouverait dans ce recueil force détails de mœurs singulière, pittoresques, et les sombres récits y contrasteraient à tout moment avec les aventures les plus drôlatiques. » — Et, pour me montrer qu'il n'avançait rien qu'il ne fût à même d'appuyer par de bonnes preuves, mon ami continua de la sorte :

« On y verrait d'abord qu'à l'origine de tous

les peuples qui connurent l'usage du vin, l'invention de cette liqueur fut généralement regardée comme un haut titre de gloire pour le personnage à qui on l'attribua. Voici en première ligne Noé, le patriarche biblique que l'impérissable lignée des buveurs a célébré sur tous les tons. A vrai dire, pourtant, Noé fit un assez triste apprentissage des vertus du vin, puisqu'après en avoir goûté, il tomba dans l'abrutissement de l'ivresse, ce qui fut cause qu'un de ses fils se moqua de lui, et ce qui fut cause aussi qu'à son réveil il s'emporta jusqu'à maudire la postérité de ce fils irrévérencieux, en déclarant que la descendance de Cham (et il faut entendre par là, dit-on, la race noire) serait perpétuellement asservie à la descendance de ses frères (qui devaient être les souches des diverses races blanches). Malheureusement, bien des siècles passèrent, pendant lesquels les hommes blancs, qui y trouvaient le plus barbare intérêt, s'autorisèrent de cette vieille tradition pour opprimer, en toute tranquillité de conscience, les pauvres *faces noires*, qui expiaient ainsi, sans miséricorde, une faute que le moindre sentiment d'humanité aurait dû regarder depuis bien longtemps comme surabondamment rachetée.

Vient ensuite, sinon en même temps (car on a souvent supposé que les deux personnages pouvaient bien n'en former qu'un), le fameux Bacchus, dont les païens firent un dieu, et dont les exploits, en tant que conquérant des Indes, et le mérite, comme inventeur du vin, ont fourni riche matière à la verve des poètes de toutes les époques.

Le culte de Bacchus fut un des plus répandus dans l'antiquité. Les Scythes pourtant le rejetèrent en disant qu'ils trouvaient ridicule d'adorer un dieu qui rendait les hommes insensés et furieux. Comme il était de coutume, dans les cérémonies religieuses anciennes, d'immoler des animaux sur les autels des dieux pour leur être agréable, le bouc, qui aime à brouter les ceps, fut choisi pour victime ordinaire dans les sacrifices à Bacchus ; et toutefois — voyez combien sont souvent irréfléchis les actes les plus sérieux — on prétend que, si la vigne nous donne aujourd'hui du vin, c'est à un bouc que nous le devons. Et voici de quelle façon : quand elle croissait en liberté, à l'état sauvage, la vigne, qui s'épuisait à nourrir ses longs rameaux, ne produisait que quelques grappes misérables, aussi âpres que chétives. Mais un bouc ayant brouté un cep, on remarqua que la saison d'ensuite ce cep porta d'excellents fruits, en grand nombre ; on eut l'heureuse idée de répéter l'expérience indiquée par l'animal. Et ainsi se trouva inventée la *taille*, qui est l'opération capitale sur laquelle repose la culture de la vigne.

Ce fait des Spartiates est demeuré célèbre : pour inspirer à leurs enfants l'horreur de l'ivrognerie, ils forçaient les *Ilotes*, leurs esclaves, à boire avec excès, et les menaient, quand ils étaient ivres, dans les salles où mangeaient les jeunes gens.

Chacun peut savoir aussi qu'aux premiers temps de la république romaine il était défendu, sous les peines les plus sévères, aux femmes de boire du vin ; comme elles auraient pu enfreindre la défense sans qu'on s'en aperçût, la coutume s'était établie que, lorsque les pères ou les maris rentraient chez eux, ils embrassaient leurs femmes ou leurs filles sur la bouche, afin de reconnaître à leur haleine si elles n'avaient pas mérité le châtiment qu'ils étaient en droit de leur infliger.

On sait encore que le grand Alexandre n'estimait pas qu'il fût indigne de lui de défier les plus intrépides buveurs, et qu'il lui arrivait fort souvent de pousser ses exploits en ce genre jusqu'à en perdre totalement la raison. Ce fut même pendant une de ces fréquentes orgies qu'il s'emporta au point de tuer de sa propre main Clitus, le plus fidèle de ses amis, le meilleur de ses officiers, qui, excité comme lui par le vin, lui reprochait de s'enorgueillir trop de son mérite guerrier.

Si nous revenons à Rome, nous y voyons que l'empereur Domitien, un des tyrans les plus odieux dont l'histoire ait enregistré le nom, ordonna un jour qu'on arrachât toutes les vignes. Le motif qui lui avait inspiré cette mesure était au fond assez raisonnable, car une terrible disette ayant désolé l'empire, il en avait conclu que la culture de la vigne faisait négliger celle du blé. Et pourtant Suétone nous apprend qu'on fit courir dans le public des vers qui disaient à ce monarque détesté :

Va, coupe tous les ceps, tu n'empêcheras pas
Qu'il reste assez de vin pour boire à ton trépas!

Puisque nous sommes sur le compte des tyrans, ouvrons les annales de Turquie, au règne d'Amurat IV, et voyons comment il arriva que ce Domitien d'un autre âge (1622-1640) fut initié à la honteuse passion qui déshonorait Alexandre. Notons d'abord que, dans la religion mahométane, professée dans le pays où régnait Amurat, l'usage du vin est rigoureusement interdit. Or, un soir, le Sultan — c'est le nom qu'on donne là-bas aux empereurs — se promenant sur la place publique, en habits communs pour n'être pas reconnu, rencontra un pauvre diable nommé Béri-Mustapha qui était ivre et qui, voyant Amurat le regarder curieusement, lui ordonna de passer son chemin.

Amurat et Béri-Mustapha.

Amurat, peu accoutumé à s'entendre parler ainsi, n'eut rien de plus pressé que de répliquer à l'ivrogne qu'il pourrait bien le faire repentir de ses paroles

— Ah! ah! fit l'autre en riant, et comment, s'il te plaît?

— Sais-tu bien, misérable, que je suis le Sultan?

Et notre Amurat de croire que cette révélation va frapper l'homme aux impérieux propos. Mais celui-ci, du ton le plus calme : « Et toi, qui es le Sultan, sais-tu que je suis Béri-Mustapha, et que, si tu veux me vendre Constantinople, je suis homme à te l'acheter.

— Insensé, avec quoi payerais-tu? dit le Sultan en haussant les épaules.

— Ne raisonne pas, reprit fièrement l'ivrogne, ou je t'achète aussi. Tu seras alors mon esclave. Tu t'appelleras, parce que je l'aurai ordonné, Béri-Mustapha. Et moi je serai le Sultan. »

Cette singulière audace, loin de continuer à irriter Amurat, ne fit que lui causer une profonde surprise. Pour avoir le cœur net de l'état dans lequel il voyait cet homme, il ordonna qu'on l'emmenât ou plutôt qu'on l'emportât au palais, car, tout en causant avec l'empereur, Béri-Mustapha s'était couché par terre et s'était endormi.

Au réveil, le lendemain, Béri-Mustapha s'étant informé de l'endroit où il se trouvait, ne douta pas qu'il eût un compte fort désagréable à régler avec le souverain dont il connaissait, par ouï-dire, le caractère fort peu accommodant. Quand on vint le chercher pour paraître devant l'empereur, il demanda en grâce qu'on lui procurât une bouteille de vin afin de s'empêcher de défaillir en se rendant à cette redoutable entrevue. On fit selon son désir. Il but une gorgée du cordial breuvage, et cacha la bouteille sous son manteau.

Dès qu'il fut en présence d'Amurat, celui-ci lui dit qu'il eût à lui payer aussitôt le prix dont ils étaient convenus la veille pour l'acquisition de Constantinople. Alors Béri, montrant sa bouteille : « O empereur, dit-il, voilà ce qui pouvait hier me donner le pouvoir d'acheter Constantinople, car si vous possédiez les richesses dont je jouissais alors, vous les croiriez bien préférables même à la monarchie de l'univers entier.

— Tu m'étonnes... fit l'empereur, et je serais bien curieux...

— Tenez, puissant Sultan, se hâta de reprendre Béri, en tendant son flacon, buvez de cette liqueur, et vous jugerez par vous-même si je vous ai menti. »

L'empereur avala quelques gorgées, dont l'effet ne tarda pas à se produire sur un cerveau qui n'avait jamais senti les vapeurs du vin. Bientôt il éprouva tant de joie, tant de ravissement qu'il déclara que les charmes de la couronne étaient en effet de beaucoup surpassés par ceux de sa situation... Et, désireux d'augmenter encore ses délices, il acheva bravement la bouteille.

Le voilà tout à fait ivre; il s'endort, et, quand il s'éveille après un lourd et long sommeil, il se sent pris d'un violent mal de tête.

Il fait aussitôt appeler Béri; et, avec la mauvaise humeur d'un homme qui souffre de la plus affreuse migraine, il lui reproche de l'avoir rendu malade.

Mais Béri qui l'attendait là sans doute : « Calmez-vous, puissant Sultan, j'ai le remède tout prêt.

— Donne alors, donne vite. »

Et Béri lui tend de nouveau une bouteille.

Tout d'abord le sultan s'étonna, mais sur les instances de Béri, il but une seconde fois; et comme il se sentit soudain soulagé, il jura que désormais il n'aurait pas d'autre breuvage, ni d'autre remède contre ses maux. A dater de ce jour, en effet, le sultan Amurat s'enivra quotidiennement en compagnie de Béri-Mustapha, qu'il avait élevé par reconnaissance au poste de conseiller intime; et Dieu sait quelles belles décisions ces deux ivrognes devaient prendre touchant les destinées de l'empire, quand ils s'étaient mis de concert en l'état que nous savons.

Lorsque Béri mourut, Amurat, pour honorer dignement sa mémoire, le fit enterrer, dit-on, dans une cave, sous les tonneaux.

Peut-être n'est-ce là qu'une légende, qu'un apologue comme les Orientaux savent les faire; mais, authentique ou inventée, cette anecdote porte avec elle l'utile enseignement du danger qu'on court quand on ne sait pas résister énergiquement aux occasions de contracter cet horrible défaut qu'on nomme l'ivrognerie. C'est que, en effet, il en arrive presque toujours ainsi : on boit par fantaisie ou désœuvrement, et, quand on voudrait ne plus boire, le pli est pris, on s'est créé un besoin nouveau qui demande impérieusement à être satisfait. Et combien de belles, de grandes intelligences, qui, même en dépit des plus grands efforts, des plus vifs regrets, ne purent résister à cette ardente tentation! N'en citons qu'un exemple entre mille.

François Miéris — il vivait au XVIIe siècle — était un peintre hollandais qui, jeune encore, s'était acquis, par un magnifique talent, la plus belle et la plus fructueuse renommée. Riche, considéré, marié à une très aimable femme, père de deux fils qui montraient les plus brillantes facultés artistiques, Miéris n'avait donc, comme on dit, qu'à se laisser vivre pour arriver heureusement au bout de son honorable carrière. Mais Miéris, qui était le plus simple et le meilleur homme du monde, fit un jour la connaissance d'un certain Jean Stein, peintre comme lui, excellent peintre même, mais encore plus habile diseur d'anecdotes et de bons mots, et, en outre, grand habitué du cabaret, dans les débauches duquel il avait coutume d'aller chercher un excitant pour sa verve comique.

Les récits de Stein avaient tout d'abord singulièrement plu à Miéris, il l'avait, une fois, accompagné au cabaret, pour l'entendre dans les meilleures conditions d'inspiration ; et il en était revenu charmé par ce fol esprit faisant diversion à la gravité un peu monotone de sa vie laborieuse. Il était retourné avec Stein le lendemain, et, tout en se pâmant d'aise aux lazzis du jovial compère, il avait machinalement trinqué avec lui : puis il avait franchi une troisième fois le seuil de la taverne, puis une quatrième... tant enfin qu'un soir il en sortit, les jambes vacillantes... et que, quand il pensa à se mettre en garde contre la funeste habitude à laquelle il déplorait que son ami fût livré, lui aussi, avait, bel et bien, contracté cette habitude.

Et, dès ce jour, le grand artiste n'exista plus que pour ruiner son corps et son intelligence au cabaret, ou pour se livrer, dans des heures de maladive retraite du foyer domestique, au cruel remords que lui causait sa triste inconduite. Il ne travaillait plus, sa fortune était partie, les dettes étaient venues. Ses créanciers l'emprisonnèrent. La leçon sembla lui avoir profité ; car, rendu à la liberté, il reprit ses pinceaux, retrouva sa veine de talent, enfanta encore de beaux ouvrages. L'aisance renaissait pour lui ; il pouvait se croire alors complètement guéri, et rendu pour toujours à sa paisible existence ; il professait même une telle horreur pour le vice dont il avait été le malheureux esclave, qu'il n'hésita pas à retirer son fils de l'atelier d'un maître chez lequel il l'avait placé, parce qu'il soupçonna ce maître de faire parfois quelques légers excès de boisson.

Il n'avait pas cru cependant devoir pousser la rigueur jusqu'à rompre avec Stein, qu'il jugeait plus malheureux que coupable, et dont le plaisant esprit avait toujours le privilège de le mettre en belle humeur. Stein venait chez lui, et, quand il sortait, Miéris le reconduisait. Certain soir Miéris poussa, tout en écoutant son ami, jusqu'à la porte d'un cabaret dans lequel Stein voulut absolument prendre un verre, un seul verre de vin. Miéris pénétra avec lui dans le lieu abhorré, mais sans autre but que d'empêcher son ami de boire plus qu'il ne devait. On entre donc, on s'assied, on cause, on trinque. Stein fait merveille par ses récits, et Miéris de rire et de boire presque sans y songer... Et cela dure jusqu'au milieu de la nuit. Quand il doit regagner sa maison, Miéris est incapable de suivre la droite ligne. Arrivé au bout de la rue, il va rouler la tête la première dans une fosse bourbeuse que des maçons ont ouverte pour les fondations d'un bâtiment. Meurtri, empêtré dans ce cloaque, l'esprit troublé par l'ivresse, il essaye en vain de se relever, d'appeler; et sans aucun doute il fût resté dans cette étrange situation jusqu'à ce que mort s'ensuivît, si un pauvre savetier et sa femme, qui travaillaient dans une échoppe voisine, n'eussent entendu ses gémissements. Ces braves gens viennent, le tirent à grand'peine de la fange, l'emportent chez eux, le lavent, le mettent dans un lit chaud, lui administrent un breuvage calmant... Il s'endort, sans avoir conscience de sa position.

Le lendemain, aussitôt éveillé, comblé de honte, il s'échappe en hâte de cette maison hospitalière, sans se donner presque le temps de remercier ceux à qui il doit peut-être la vie : il court chez lui, s'enferme dans son atelier, que, pendant une semaine, il ne quitte que pour prendre quelques aliments. Il est malade, une fièvre ardente l'agite ; mais il travaille pourtant, sans la moindre relâche, à l'achèvement d'un tableau qui sera peut-être un de ses meilleurs ouvrages... Ce tableau terminé, il le met sous son bras ; il prend le chemin de l'échoppe, et, arrivé en présence du savetier et de sa femme qui ouvrent de grands yeux :

« Tenez, leur dit-il, c'est de la part d'un homme que vous avez tiré une nuit d'un fort mauvais pas. Si par hasard vous avez besoin d'argent, portez cela à M. Paatz (un riche amateur, qui avait coutume d'acheter à poids d'or les moindres tableaux de Miéris), il vous en donnera, je pense, un certain prix. » Et il s'en va.

Ce tableau, que le savetier vendit 800 florins (quelques trois mille francs), fut, dit-on, le dernier peint par Miéris, qui, à peine âgé de quarante-six ans, mourut peu de temps après des suites de son accident nocturne.

Et combien d'autres qui, à toutes les époques, dans tous les pays, expièrent leur faiblesse par les plus malheureuses destinées ! Il est vrai qu'à côté de ces tristes vaincus de l'ivrognerie, l'histoire nous en signale, si l'on peut ainsi dire, les triomphateurs. C'est, par exemple, le célèbre Bassompierre. Le jour où les députés de la république helvétique, auprès de laquelle il était

La botte de Bassompierre.

ambassadeur du roi de France, lui proposèrent de boire avant son départ le *coup* dit *de l'étrier*, il tira sa grande botte, la fit remplir du meilleur vin, la vida à moitié et fit circuler le reste; action d'éclat qui le mit en grand honneur chez les

Suisses, lesquels sont proverbialement renommés comme d'intrépides buveurs. C'est encore le duc de Clarence, condamné au dernier supplice, mais laissé libre de choisir le genre de mort qui lui agréerait le mieux, demandant à finir ses jours dans une tonne de malvoisie (vin liquoreux récolté dans les îles de la Grèce). Avouez que l'idée est bien digne d'un Anglais excentrique; et cet Anglais et son tonneau me rappellent un autre Anglais et un autre tonneau... C'était après la terrible bataille navale de Trafalgar, où l'amiral Nelson paya de la vie la satisfaction de détruire la flotte française. L'illustre marin, avant de rendre le dernier soupir, avait recommandé que son corps fût rapporté en Angleterre. Or, comme on était sur les côtes d'Afrique, où les chirurgiens de la flotte n'eussent sans doute pu trouver les drogues nécessaires à un embaumement régulier du cadavre, ils ne virent rien de mieux, pour se conformer aux volontés du défunt, que d'enfermer sa dépouille dans une tonne pleine d'eau-de-vie (l'alcool ayant, comme vous le savez, la propriété de conserver les substances qu'on y maintient plongées). Le corps de l'amiral étant ainsi *préparé*, la frégate qui le porte prend tranquillement le chemin des îles Britanniques. Pendant le trajet, d'ailleurs assez long, les marins de l'équipage montent à tour de rôle la garde d'honneur, dans la cabine où sont déposés les restes de leur ancien chef. On arrive, et tout aussitôt on se met en mesure de donner aux restes du grand homme un cercueil plus convenable: la barrique est ouverte non sans un pieux sentiment de respect; mais alors, ô surprise! ô prodige! que voit-on? — Le corps de l'amiral complètement à sec dans la futaille, qu'on a pourtant la certitude d'avoir remplie jusqu'à la bonde, et aux parois de laquelle aucune fuite n'a dû se déclarer pendant la traversée, puisqu'il n'est pas tombé une seule goutte de liquide sur le plancher où elle repose. — Grand émoi, comme vous le pensez bien. Les chirurgiens sourient, en regardant du côté des matelots qui ont, tour à tour, veillé auprès du précieux dépôt et qui se mordent les lèvres d'un air quelque peu embarrassé; le commandant du vaisseau va faire un éclat, mais un vieux loup de mer le prévient; s'adressant bravement au médecin en chef, comme pour le faire juge entre lui et ses camarades :

— N'est-ce pas, major, que c'est toujours ainsi que ça arrive? ils ne veulent pas le croire, eux.

— Et quoi donc, mon brave?

— Que *les choses* qu'on met en conserve dans l'eau-de-vie la boivent, s'en emplissent... et que c'est même par ce moyen que ça les conserve... N'est-ce pas, major?

— Mais, oui... certainement...

Alors le vieux marin, se retournant vers ses camarades : « Eh! je savais bien, moi; je disais bien que c'était l'amiral. »

Et les autres de répéter en chœur à mi-voix : « Oui, c'est l'amiral. »

Le commandant osa d'autant moins se fâcher que l'amiral était arrivé dans un état de parfaite conservation.

Voilà comment le corps du fameux Nelson fut bénévolement convaincu d'avoir absorbé en quelques semaines jusqu'à la dernière goutte d'une énorme barrique d'eau-de-vie. Et toutefois le soir, à terre, on pouvait entendre le vieux marin, qui trinquait avec les compagnons, dire discrètement en élevant à sa bouche un verre de l'ardente liqueur : « C'est égal, j'aime autant celle-là; l'autre avait *tout de même un petit goût.* »

LE SEL

Une ruse de chasse qui n'est peut-être pas dans le *Manuel des Chasseurs*. — Le meilleur des rôtis. — La semence maudite. — Les rôles du sel. — Une idée de pêcheur. — D'où vient le sel. — Les villes de sel. — Un plaisir économique.

— Papa, disais-je quand j'étais tout jeune enfant, je voudrais bien attraper ce joli petit oiseau qui sautille là-bas dans la cour.

— Eh bien, mon fils, je vais t'indiquer pour cela un moyen infaillible.

— Oh! dis vite, papa, dis vite!

— Tu vas voir : c'est simple comme bonjour. Prends dans ta main quelques grains de sel; puis doucement, doucement, approche toi de l'oiseau, et si tu sais lui poser habilement un de tes grains de sel sur la queue, tu peux être sûr que tu l'attraperas.

Et il me souvient que, plus d'une fois, je me livrai très sérieusement à ce genre de chasse. Le procédé est célèbre d'ailleurs; car je crois qu'on trouverait difficilement un enfant à qui il n'ait été conseillé, et qui, lorsqu'il n'alla pas, comme moi, jusqu'à l'expérimenter, ne se soit au moins demandé s'il n'y avait pas, au fond de cette aventureuse assertion, quelque chose de certain, de raisonnable.

C'est qu'après tout, quand on a l'âge où l'esprit commence à vouloir démêler les effets des causes, et les causes des effets, tant d'occasions se présentent où les choses en apparence les plus simples restent inexplicables, et où les phénomènes en apparence les plus compliqués deviennent très intelligibles après quelques mots d'initiation... L'impossible et le normal se confondent si bien, qu'on ne sait plus souvent auquel s'arrêter. On éprouve chaque jour tant d'étonnement, on voit tant de fois les idées qu'on se forme bouleversées de fond en comble, que, sans cesse, on a peur de se tromper, aussi bien en ayant foi qu'en doutant. Et tenez, moi qui vous parle, je me rappelle qu'un soir, dans une veillée, certain hâbleur imperturbable s'avisa d'avancer qu'en fait de cuisine, il ne savait rien qui fût digne d'être mis au-dessus du *beurre à la broche*. Et comme nous croyions avoir mal entendu, le malin, non seulement répéta son expression, mais encore la commenta avec une foule de détails touchant la préparation de ce mets hors ligne, préparation dans laquelle, selon lui, le beurre prenait absolument la place du poulet ou du dindon, tournant embroché devant l'âtre ardent. Bref, il n'y avait pas jeu de mots, mais affirmation d'un fait dont il ne tenait qu'à nous, disait-il, de constater l'authenticité. Tandis que nous, les enfants, nous ouvrions de grands yeux, les hommes, les femmes, — car on aime toujours à voir les enfants donner dans ces pièges de l'invraisemblance, — tenant leur sérieux, appuyaient à qui mieux mieux le dire du hâbleur, et je sais que je sortis de là dans un état d'incertitude si grand sur cette singulière question, que bien des années se passèrent, sans que j'eusse voulu prendre sur moi de certifier que le beurre à la broche devait être rangé au nombre des mets de pure fantaisie... Et, tant une première impression peut persister, je vous avoue qu'en écrivant aujourd'hui ces lignes, une sorte d'appréhension me reste, comme s'il ne m'était point encore incontestablement démontré qu'un cuisinier exceptionnel ne se puisse trouver pour me mettre en présence de ce légendaire rôti auquel j'ai souvent, souvent rêvé.

Eh, mon Dieu! les personnes raisonnables et instruites sont bien fières d'en pouvoir conter à de pauvres enfants, et de rire d'eux, et de les tenir pour esprits faibles; comme si chacun, même parmi les plus forts, n'avait pas à son compte quelqu'une de ces naïves inconséquences. C'était ce que je me disais tantôt en me ressouvenant à la fois et de ce fameux beurre à la broche, dont je ne désespère pas de me régaler quelque jour, et aussi d'un singulier usage qui se trouve consigné dans les annales de l'antiquité.

Chez les anciens, quand, après une guerre, il arrivait que le vainqueur ne voulait faire aucune miséricorde aux vaincus, il ne se bornait pas à passer au fil de l'épée les populations, mais il rasait les villes... en dispersait les matériaux, et, pour frapper à tout jamais de stérilité la place qu'elles avaient couverte, il y semait solennellement *du sel*.

Vous vous représentez l'imposant, ou plutôt le terrible spectacle de cette dévastation : vous voyez ces implacables ennemis répandant sur le sol occupé par leurs rivaux abattus, cette semence de malédiction. Cela devait certes s'accomplir gravement, sérieusement, avec une profonde conviction enfin.

Et pourtant ce n'était rien moins qu'agir en dépit du bon sens, car il est aujourd'hui prouvé, avéré, que, loin d'être un agent destructeur, ce sel, choisi pour emblème de stérilité, est au contraire une matière fertilisante par excellence ; si bien que, n'étaient les impôts qui en augmentent démesurément le prix, ce serait par grandes quantités que la culture l'emploierait.

Et voilà comme parfois les hommes sont sérieux ; et c'est pourquoi je suis de ceux qui ne trouvent pas motif à moquerie dans la bonne et franche crédulité des enfants.

Au reste, comprend-on que l'idée ait pu venir d'assigner cette mission, en quelque sorte infamante, à une substance si souverainement utile et bienfaisante?

Les bienfaits du sel, ai-je besoin de vous les énumérer? Vous savez qu'il sert à relever, en les rendant plus facilement digestifs, la saveur de la plupart de nos aliments; mais remarquez que, pour les pauvres gens, qui n'ont ni le temps ni les moyens de compliquer leurs préparations culinaires, le sel en est le plus précieux, pour ne pas dire le seul auxiliaire, car peut-être ne vous doutez-vous pas qu'il existe, dans notre belle et riche France, des populations entières qui ne vivent que de pommes de terre, de maïs, de châtaignes tout simplement bouillies à l'eau, sans autre adjonction qu'une poignée de sel dans l'eau de cuisson. Le sel ne rendît-il que ce service, qu'il mériterait d'être considéré comme un des dons les plus importants de la Providence. Mais là ne s'en borne pas l'usage. Il joue un rôle beaucoup plus considérable, sinon plus utile encore, pour la conservation des viandes, des poissons, etc.

A l'époque où les traversées maritimes, que la vapeur a maintenant rendues si rapides, avaient souvent une durée fort prolongée, c'était grâce au sel qu'on pouvait fournir de vivres les navires qui s'aventuraient sur des mers lointaines. Dieu sait donc si le sel, sans lequel tant de féconds voyages eussent été improductifs, peut se glorifier de nombreux et glorieux services. Aussi est-ce avancer la chose la plus probable que d'affirmer que, sans le sel, les relations qui existent dans les deux mondes seraient encore à créer; car, évidemment, Colomb n'aurait pu mettre à la voile du côté de l'Amérique si, en vue d'une longue traversée[1], les *soutes* de ses *caravelles* 1

1. La soute d'un navire est la partie inférieure où d'ordinaire s'emmagasinent les provisions ou les objets de transport. Colomb partit pour sa découverte avec trois petits vaisseaux appelés *caravelles*.

n'eussent été suffisamment nanties de provisions, dont le sel assurait la conservation.

Quand vous lirez l'histoire des siècles modernes, vous y verrez raconté qu'à une certaine époque, la Hollande, nation quelque peu effacée aujourd'hui, fut un jour si riche, si omnipotente dans l'univers, qu'un de ses amiraux, le célèbre Tromp, put, par un mouvement de fierté nationale, placer au haut du grand mât de son vaisseau un balai en manière de pavillon emblématique. Cela signifiait que la Hollande n'avait qu'à passer, en la *personne* de ses flottes, pour que les mers fussent comme balayées. Or, savez-vous à qui, ou plutôt à quoi était due cette orgueilleuse souveraineté ? — Au sel.

Comment ? je vais vous le dire. Vous avez vu et mangé des harengs ; grâce aux chemins de fer, il nous en arrive journellement de frais ; mais vous savez que, presque en toute saison, on en trouve de conservés chez les épiciers, les marchands de comestibles. Le hareng est un poisson dont il passe tous les ans, dans les mers du Nord, d'innombrables légions qu'on appelle des *bancs ;* ces légions n'occupent souvent pas moins de trois lieues d'étendue sur la « plaine liquide » ; il suffit donc de jeter là des filets pour retirer de l'eau de telles quantités de poissons qu'on en charge des flottes entières.

Or, un temps fut où les riverains des mers dans lesquelles s'effectue ce singulier passage, — et les Hollandais étaient du nombre — se bornaient à pêcher du hareng pour leur consommation tout le temps que durait l'aquatique migration, en sorte qu'ils laissaient chaque année se perdre, aussi bien pour eux que pour le reste des habitants du monde, des richesses d'alimentation incalculables. Mais voilà qu'un jour, certain pêcheur hollandais eut cette idée, simple comme les idées de génie, de saler le hareng, afin qu'on pût l'expédier au loin.

L'idée parut bonne. On la mit en pratique, et les Hollandais, qui dès lors firent de la pêche et du salage des harengs une industrie particulière, et qui, la pêche et le salage achevés, fournissaient tous les peuples de poissons conservés, devinrent en peu de temps les plus riches, les plus fameux négociants de l'univers.

On a dit, — toujours en façon de symbole, — que la ville d'Amsterdam est « bâtie sur des arêtes de harengs », ce qui revient à ceci, que, sans les harengs, la grande, l'opulente, la magnifique cité hollandaise n'eût jamais atteint à une pareille splendeur.

Les Hollandais reconnaissants élevèrent une statue à Guillaume Deukelszoon, l'inventeur du salage : et l'on raconte que lorsque l'empereur Charles-Quint, — celui qui laissa, comme vous savez, la couronne pour aller au fond d'un couvent se désespérer à tâcher de mettre d'accord des montres et des pendules, — visita la Hollande, il s'agenouilla respectueusement sur la tombe du pêcheur, qu'il déclara tenir pour un grand homme.

Dans tout cela, le hareng joue évidemment le rôle principal, mais le rôle du sel est-il moindre? Je vous le demande.

Or, qu'est-ce donc que le sel? Où le trouve-t-on? Comment le prépare-t-on? c'est ce que je dois vous dire.

Le sel, répandu en grande quantité dans la nature, est, comme nous l'indique son nom chimique *chlorure de sodium*, un composé de chlore et de sodium. Et, certes, vous seriez fort étonnés si quelque jour, étant à table, un chimiste venait, qui prendrait sur le bord de votre assiette le sel que vous y auriez mis pour en saupoudrer votre tranche de bœuf, et qui agirait de façon à extraire de ce condiment très sain, très agréable, d'abord un gaz que vous ne sauriez respirer sans en être incommodés jusqu'à la suffocation, et un métal dur et brillant comme de l'argent. Ce sont là les merveilles de la chimie.

Je ne vous apprends rien, n'est-ce pas? en vous

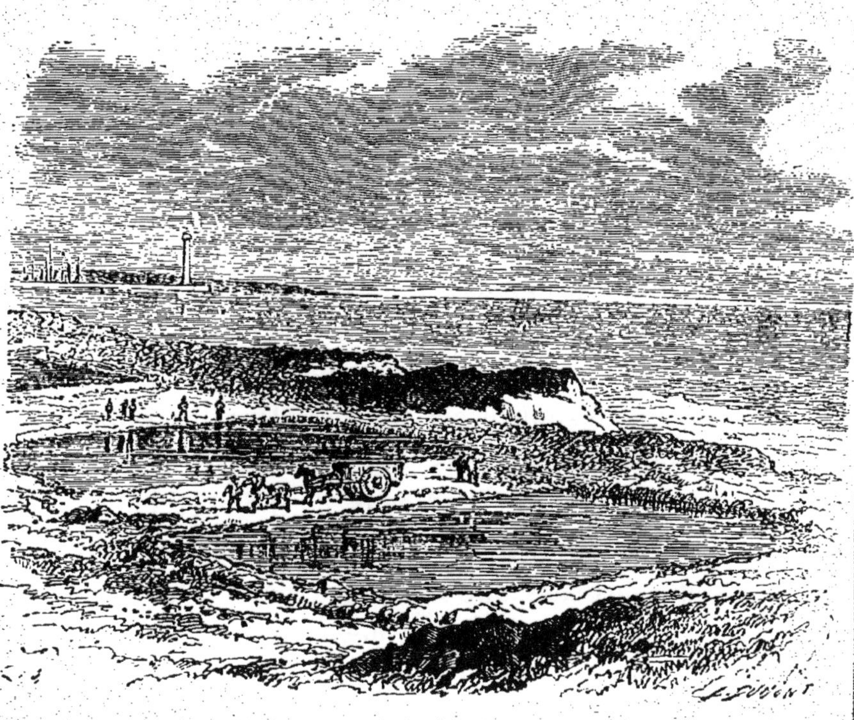

Les marais salants.

disant que l'eau de la mer est salée, — salure qui résulte de la présence de trois ou quatre parties de notre sel de cuisine dans cent parties de cette eau. Aussi suffit-il de faire évaporer l'eau de la mer pour en retirer du sel. Cette opération se pratique sur de grandes proportions, principalement dans le sud-ouest de la France, dans les départements de la Vendée, de la Charente, des Landes. On établit au bord de la mer des espèces de bassins, nommés marais *salants*, on creuse des fosses carrées de différentes profondeurs qui communiquent les unes avec les autres au moyen de petites écluses; les bassins les plus profonds sont remplis par la mer à la marée haute. A la marée basse, on fait passer les eaux dans les autres bassins moins profonds; sous l'influence de l'air et des rayons du soleil, l'eau s'évapore en laissant sur le fond du bassin, formé de terre glaise, des cristaux qui sont le sel marin. Alors les *sauniers* (on nomme ainsi ceux qui récoltent le sel) viennent avec de grands râteaux de bois et enlèvent le sel qu'ils mettent en meules; on en emplit ensuite des sacs que l'on mène peser à la douane, car le gouvernement prélève un fort impôt sur cette denrée. Mais il y a aussi le sel *gemme*, ou sel de roche, qu'on exploite comme de la houille. Ce précieux minéral existe en telles masses sous le sol de certains pays, qu'il n'est rien de plus étrange à voir que les mines dont on le tire. Notre beau pays de France est si favorisé par la nature, que, dans l'Est, le seul côté où nous ne soyons pas bornés par la mer, notre sol renferme d'importantes mines de sel. Mais les plus remarquables de ces exploitations sont celles de Bochniz et de Wieliczka, en Pologne, où, à la profondeur de 3 ou 400 mètres, se trouvent de véritables villes, avec des rues, des places, des églises, et où une population naît, vit et meurt, sans venir presque jamais à la lumière du soleil.

Le dépôt salifère de Wieliczka, le plus riche que l'on connaisse, présente une masse que l'on trouve sur plus de huit cents kilomètres de longueur et cent soixante de largeur : l'exploitation s'étend sur 3,000 mètres de longueur, 1,600 de largeur et 300 de profondeur. Ces immenses excavations, où sont employés 1,000 ouvriers et 500 chevaux, présentent de vastes salles supportées par des colonnes de sel transparent comme la glace : on y trouve des lacs salés où l'on peut se promener en bateau, des écuries pour les chevaux qui font le service de la mine.

Ces salines, exploitées depuis plus de six cents ans, présentent de jour en jour un aspect plus imposant ; on y descend par un escalier de plus de 500 degrés entièrement taillé dans le sel, et l'on arrive dans des souterrains, auxquels l'élégance de la construction et l'éclat des parois réfléchissant de mille manières la lumière des lampes, donnent un aspect magique. Le sel y est d'une pureté remarquable et peut être livré au commerce à l'état même où il sort de la mine.

Les mines de sel en Pologne.

Enfin, dans d'autres pays, et notamment sur plusieurs points de la France, coulent des sources salées dont on extrait le sel par un procédé sinon semblable, au moins analogue à celui qui est employé sur les borbs de la mer. On fait d'abord ruisseler lentement ces eaux à travers des fagots d'épines, ou des systèmes de cordes, pour que l'air les concentre à un certain degré, puis on les recueille dans des chaudières sous lesquelles on entretient du feu, jusqu'à ce que l'évaporation qui se produit ne laisse plus que le sel, qu'on livre ensuite au commerce.

Si donc le sel est relativement cher, ce n'est pas qu'on éprouve de grandes difficultés à se le procurer, mais c'est qu'il est frappé d'un impôt assez fort au sortir des *salines*. Encore ne devons-nous pas nous plaindre trop aujourd'hui, car autrefois la perception de ce droit fiscal, qui s'appelait la *gabelle*, constituait une des plus criantes vexations qui se pût imaginer. Toujours est-il qu'on doit désirer que le sel puisse être un jour affranchi de tout impôt, particulièrement dans l'intérêt de l'agriculture, qui trouverait à cette mesure une précieuse ressource pour la saine alimentation des bestiaux; car, il faut que vous le sachiez, la plupart des animaux qui se nourrissent d'herbe sont extrêmement friands de sel. Que voulez-vous? ces pauvres bêtes qui nous rendent tant de services de toutes sortes et que nous en récompensons le plus souvent en les dirigeant vers la boucherie, ont, comme nous, le sentiment du goût; il ne leur répugnerait pas plus qu'à nous que la saveur de leurs aliments fût tant soit peu relevée. Voulez-vous lier bientôt de bonnes, d'amicales relations avec tels ou tels des habitants d'une étable ? Offrez-leur de temps en temps dans le creux de votre main un peu de sel, vous verrez qu'il ne tarderont pas à vous reconnaître dès qu'ils vous apercevront, et à vous faire fête du regard et de la voix.

C'est même une distraction fort peu coûteuse, d'ailleurs, à prendre le plus souvent possible. Et je suis sûr que vous me remercierez de vous l'avoir indiquée, car, un poète l'a dit : Le plaisir le plus doux

« Est celui qu'on éprouve en faisant des heureux. »

LE VERRE

Une histoire qui pourrait bien n'être qu'un conte. — Plus de carreaux de vitres. — Dans une verrerie. — Les manchons. — Ce que coûte le verre en général. — Histoire d'un verrier et de sa famille.

« Dans la Phénicie, au pied du mont Carmel, — raconte Pline, un écrivain latin, qui vivait il y a quelque dix-huit cents ans, — est un petit lac, nommé Cendevia, où le fleuve Bélus prend naissance. Les eaux de ce fleuve, fangeuses et profondes, se perdent dans la mer, à cinq lieues de là, et ne laissent à nu une partie du sable, sur lequel elles coulent, qu'au moment du reflux. Ce sable brille d'une façon toute particulière. On dit que des Arabes, marchands de *natron* [1], ayant

1. Le *natron*, qui, de son nom scientifique, s'appelle *sesqui-carbonate de soude*, est un sel fort répandu dans le commerce et qui a de nombreux usages industriels.

abordé sur cette côte et ne trouvant point de pierres pour soutenir les vases dans lesquels ils préparaient leurs repas, employèrent à cet effet des blocs de natron tirés de leur cargaison. Ces blocs étant soumis à la chaleur en même temps que le sable, il coula, dit-on, des ruisseaux d'une matière transparente, d'une nature jusqu'alors inconnue. Telle fut, dit-on, l'origine du verre. Et depuis, on n'a jamais cessé d'aller recueillir le sable de ce rivage pour la fabrication du verre. »

Cette historiette pourrait bien n'être qu'un conte, car il est incontestablement démontré que, dans les circonstances indiquées, la chaleur n'aurait pu devenir assez intense pour que la production du verre s'ensuivît. Nous ne la donnons que pour ce qu'elle vaut.

Le peuple qui, le premier, se livra à la fabrication du verre, fut le peuple égyptien. Certaines peintures trouvées dans des sarcophages datant des plus anciennes dynasties des rois d'Égypte prouvent d'une façon irrécusable qu'il existait dans ce pays des verreries, plus de 2000 ans avant Jésus-Christ. Les Égyptiens connaissaient même, dès cette époque, à en juger par ces naïfs dessins, le procédé du *soufflage* du verre, dont nous parlerons tout à l'heure et qui est encore employé de nos jours.

Les verreries les plus renommées de l'Égypte étaient celles de Thèbes et de Memphis où l'on excellait surtout dans la fabrication des verres colorés, qui, de là, s'exportaient dans le monde entier. Vous pouvez voir, au Musée du Louvre, de nombreux objets en verre trouvés sur des momies ou dans des sarcophages, colliers, bracelets, vases de toutes espèces, qui montrent à quel degré de perfection étaient arrivés les Égyptiens.

Les Phéniciens acquirent aussi, dans cette industrie, une juste célébrité. Il existait à Sidon et à Tyr des verreries renommées, où l'on fabriquait, au dire de Pline, des objets d'un très grand volume. Les Étrusques, les Persans, les Indiens, les Mèdes, les Assyriens, les Romains, les Grecs, les Gaulois, connurent également, à des époques différentes, l'art de fabriquer cette matière qui rend aux hommes des services si importants, qu'on serait autorisé à la qualifier d'indispensable. Indispensable, — ai-je dit ; — vous trouvez sans doute que j'exagère ; et voici le raisonnement que vous tiendriez volontiers :

« Le verre sert, d'abord et surtout, à faire des *verres* (le composant ayant donné son nom au composé) ; mais si nous n'avions pas les verres en verre, nous boirions tout aussi bien dans des écuelles de terre, dans des gobelets de métal. — Assurément.

— Si les bouteilles en verre nous manquaient, nous en aurions en grès ; nous nous servirions de brocs, de petites outres. — Oui bien, car les anciens faisaient ainsi et ne se portaient pas plus mal. — Enfin si maint autre objet de verroterie ne se trouvait pas à notre disposition, nous nous en passerions. — Assurément ; et les anciens s'en passaient, car, chez eux le verre, bien que connu, n'était rien moins qu'usuel, puisque le même Pline nous apprend que, sous l'empereur Néron, deux coupes de verre fort petites furent vendues six mille sesterces (c'est-à-dire environ douze cents francs de notre monnaie). J'admets donc avec vous qu'en tant que production d'ustensiles de ménage ou d'objets d'ornement, le verre pourrait être supprimé ou suppléé. Mais, — laissant même à part la chimie, la physique, et les industries relevant de ces deux sciences, qui se trouveraient singulièrement empêchées, si le verre venait à ne plus leur fournir des instruments translucides et des vases résistant aux substances corrosives, — dites-moi un peu, je vous prie, ce qu'il adviendrait si le verre manquait pour vitrer les fenêtres ?

Sans les carreaux de vitre, dont pouvaient fort bien se passer les populations des climats doux, comme la Grèce, l'Égypte, l'Italie méridionale, où en serions-nous, nous autres, qui habitons sous un ciel moins clément ?

Eh ! mon Dieu ! nous nous trouverions tout bonnement réduits à vivre sinon en plein air, au moins dans des maisons où règnerait la plus complète obscurité tant que durerait la mauvaise saison. Belle existence, que de s'abriter cinq mois de l'année derrière des volets, et d'être obligé d'allumer la lampe en plein jour, pendant tout ce temps-là !

Mais avant qu'on sut travailler le verre en lames pour en garnir les fenêtres, comment faisait-on ? allez-vous me demander. Eh bien ! sur les châssis des ouvertures ménagées dans les murs des maisons l'on tendait des toiles, des peaux, des feuilles de papyrus. Mais tout cela obstruait la lumière, mais tout cela se détériorait par la pluie, par la gelée. Aussi les maisons d'alors ne ressemblaient-elles guère à celles d'aujourd'hui pour le confortable, pour la commodité ; ce ne serait donc pas beaucoup s'aventurer que d'affirmer que l'invention des vitres est une de celles dont l'influence a été la plus grande sur la condition actuelle des peuples des climats froids, ou seulement tempérés.

Ce fut par les églises que commença, vers le sixième ou septième siècle de notre ère, l'application du verre en lames aux fenêtres des édifices : puis ce luxe utile passa à quelques riches demeures, et peu à peu, l'usage en devint général : — bien lentement cependant, car nos ancêtres ne savaient pas travailler le verre avec autant de facilité que nous, et par conséquent, le prix de cette matière restait relativement élevé.

Intérieur d'une verrerie.

Le travail du verre aujourd'hui ne laisse pas d'être assez curieux. Nous allons, si vous voulez, visiter une fabrique de vitres.

Figurez-vous, sous une immense halle, une suite

de fourneaux, à l'intérieur desquels peuvent être introduits un certain nombre de creusets ou de pots de terre résistant aux plus hauts degrés de chaleur, et qu'on a préalablement remplis d'un mélange de sable, de chaux et de soude. Ces creusets étant convenablement disposés, un feu, un véritable feu d'enfer, est allumé et entretenu dans ces fourneaux. Au bout de quelques heures, le contenu des creusets s'est changé en une matière fluide, en une sorte de pâte ardente. C'est le verre.

Alors viennent autant d'hommes qu'il y a de creusets. Ces hommes n'ont pour tout vêtement qu'une longue chemise de toile, leur tombant jusqu'aux genoux — et encore ce vêtement n'a-t-il d'autre but que de les garantir un peu de la terrible chaleur à laquelle ils vont se trouver exposés pendant six ou huit heures. Ces hommes se placent sur une estrade à niveau de la bouche des fourneaux. Avec le bout de ce tube, ou plutot de cette *canne*, — pour employer le terme consacré, — les ouvriers prennent dans le creuset, qui bout en pleine fournaise, un peu de la pâte rougie, qui s'y attache, comme ferait à la tête d'une aiguille la cire à cacheter ramollie par la flamme d'une bougie. Ils tirent ce morceau de pâte hors du fourneau et, tenant la canne perpendiculairement devant eux, ils font ce que vous faites quand, ayant plongé un brin de paille dans de l'eau de savon, vous voulez obtenir des bulles : ils approchent de leur bouche l'extrémité supérieure de la canne, et ils soufflent avec précaution.

Vous voyez alors une bulle de verre qui se forme

Ouvrier soufflant le verre

peu à peu, qui enfle, et qui bientôt pend au bout de la canne, comme la vessie d'une musette pourrait pendre au bout de son chalumeau. L'ouvrier l'agite, la balance, la réchauffe à plusieurs reprises dans le four, pour la faire enfler encore, en soufflant de nouveau. Quand ce globe allongé, qui a la forme d'un long manchon se terminant par deux calottes, a atteint le volume désiré, l'ouvrier, après l'avoir laissé un peu refroidir, pour qu'il soit suffisamment résistant, le pose sur un plateau qui est à côté de lui; puis il jette une goutte d'eau froide sur le point où le manchon adhère à la canne, ce qui opère une rupture. Ensuite, pendant que l'aide emporte ce manchon, il plonge de nouveau la canne dans le creuset, pour prendre une quantité de pâte et souffler un autre manchon.

Or, ce sont ces manchons qui, sans en avoir l'air, sont destinés à devenir les vitres de nos fenêtres. A cet effet, on les emporte dans un second atelier ou plutôt dans un second four, où d'abord on les fend dans toute leur longueur, opération qui les met dans un état analogue à celui où serait par exemple un tuyau de poêle, dont on aurait enlevé les clous. Puis, toujours dans un four, on procède à *l'étendage* ou, si vous aimez mieux, à l'aplatissage du manchon fendu, et l'on a enfin une feuille de verre carrée, qu'il ne reste plus qu'à faire *cuire* pendant plus ou moins de temps et à laisser convenablement refroidir, pour qu'elle soit moins sensible aux variations de la température. Et les vitres entrent dans le commerce.

Pour les bouteilles, — à part que la matière employée est moins finement choisie, — le travail n'offre pas de grandes différences. La vessie soufflée est ordinairement portée dans un moule qui est au pied de l'ouvrier et qui la *calibre*. Le fond de la bouteille se fait ordinairement en enfonçant la calotte inférieure à l'aide d'un poinçon : le goulot s'obtient par l'adjonction d'une petite quantité de verre fondu, qu'on applique au bout du col quand la bouteille a été détachée de la canne.

Les flacons, les cornues, les tubes, sont aussi fabriqués par le *soufflage;* mais le nombre est considérable des objets qui sont fondus dans des moules, absolument comme certaines pièces métalliques. Souvent encore le soufflage et l'emploi du moule sont combinés.

Les glaces sont *coulées* — c'est-à-dire fondues — en *coulant* sur une table une certaine quantité de verre fondu, qu'on laisse ensuite refroidir : ce qui donne une lame homogène, qu'on polit d'abord par des procédés particuliers et qu'enfin l'on *étame,* en y faisant adhérer d'un côté une couche de mercure ou une feuille de métal.

Quoi qu'il en soit, le métier de verrier est, non seulement un des plus fatigants, mais encore un des plus meurtriers que l'on connaisse. Il est rare qu'un souffleur de vitres ou de bouteilles reste au travail passé quarante ou quarante-cinq ans. Presque toujours il est épuisé, sinon mort, avant cet âge. Ce qui peut lui arriver de moindre, c'est d'être rendu aveugle par l'action terrible de la fournaise dans laquelle son regard ne cesse de plonger tout le temps qu'il travaille. Voilà, mes enfants, à quel prix nous pouvons avoir des appartements clos, et où cependant pénètre le jour; à quel prix les vins généreux acquièrent, dans leur petite prison verte, ce bouquet de vieillesse qui fait les délices des gourmets; à quel prix viennent chez nous tant d'ustensiles, tant d'objets auxquels nous prenons à peine garde.

Les dangers de la profession de verrier me remettent en mémoire certaine anecdote que j'ai lue, je ne sais plus où, et que je veux vous redire.

Au temps jadis, et dans le fond d'une province de France, vivait une famille de noble origine, composée de la mère, qui était veuve, de deux fils et d'une jeune fille.

Or, l'aîné des deux fils, à qui la mort du père avait donné le titre de chef de famille, n'était rien moins qu'une sorte d'écervelé qui, aussi imprévoyant qu'avide de plaisirs, sut en peu de temps réduire à néant, non seulement la fortune paternelle, qui, selon l'ancienne coutume, lui revenait presque entière, mais encore le douaire que la faible et bonne mère n'hésita pas à sacrifier pour payer les dettes follement contractées par ce mauvais garnement.

Quand il eut insoucieusement réduit à la misère cette famille dont il aurait dû être le digne soutien, notre prodigue, que la misère effraya, ne vit rien de mieux que de disparaître un beau matin, sans dire où il allait.

Le voilà parti. On n'entend plus parler de lui. Il a sans doute trouvé asile et subsistance. Mais que feront les autres, ceux qu'il a laissés sans ressources?

Le fils cadet a quinze ans; la sœur en a treize; la mère est encore valide : ils travailleront, direz-vous. Mais vous oubliez, ou peut-être vous ne savez pas qu'en ce temps-là le travail était chose considérée comme déshonorante pour les gens de sang noble. Tout gentilhomme qui prenait des terres en louage, qui ouvrait boutique, ou qui mettait, moyennant le salaire, le pied dans un atelier, devenait, aux yeux du monde où il était né, une sorte de créature dégradée, abjecte, un roturier enfin, et c'était tout dire.

Le gentilhomme pouvait être militaire, magistrat ou prêtre. Mais, pour vivre, il lui était interdit de travailler. Et Dieu sait que la force du préjugé était alors si grande, que les exemples de *dérogeance* étaient excessivement rares.

Sans doute, si notre jeune cadet n'avait dû penser qu'à lui, il se fût aisément tiré d'affaire : car il lui eût suffi de rejoindre la première compagnie d'hommes d'armes, où son nom l'eût fait bien recevoir. Mais force lui eût été de quitter sa mère et sa sœur, auxquelles alors il n'aurait aucunement pu venir en aide. Il n'osa pas y songer.

Or, il se trouvait qu'une exception, une seule, était faite à la loi générale : une ordonnance royale, inspirée soit par une juste appréciation des services marquants que rendait cette meurtrière industrie, soit par le désir d'ouvrir un moyen particulier d'existence aux nobles sans fortune, une ordonnance royale avait décidé que la pratique de l'état de verrier, loin d'entraîner la déchéance des titres de noblesse, ne ferait, en quelque sorte, que les consacrer. Les gentilshommes verriers sont d'ailleurs célèbres dans l'histoire.

Notre pauvre fils de famille emmène donc sa mère et sa sœur dans un pays où était une verrerie, se présente, est agréé comme simple apprenti d'abord, et le peu qu'il gagne permet d'attendre sans trop de privations l'époque où il aura le titre et le salaire d'ouvrier. Cette époque venue, il est cité comme un des plus habiles, des plus courageux travailleurs de l'atelier; et la petite famille retrouve une heureuse et paisible aisance.

Mais, je vous l'ai dit, le métier est rude; et le brave garçon qui l'avait choisi pour l'amour de sa mère et de sa sœur n'était pas d'une nature fort robuste. Du jour où il dut chaque matin prendre place, pendant plusieurs heures, devant la bouche ardente du fourneau, au lieu de n'y venir que pour suppléer d'aventure l'ouvrier auquel on l'avait donné pour aide, sa santé s'altéra. Et la mère s'en apercevant : « Cette profession te tuera, disait-elle, alarmée; il faut la quitter.

— Mais alors comment vivrons-nous? répliquait le brave enfant.

— A la garde de Dieu! soupirait la mère.

— Eh bien! nous verrons, mère; nous verrons. »

Et toujours le gentilhomme verrier retournait à ce fourneau, qui lui brûlait le sang, qui lui desséchait les poumons.

Mais un matin il lui fut impossible de descendre

du lit, où il s'était couché, exténué, la veille; et le médecin qui lui donna des soins pendant les deux mois que dura sa grave maladie déclara que, s'il retournait à la verrerie, une rechute prochaine l'emporterait inévitablement.

« C'est bien! fit alors le jeune homme; je n'y retournerai pas. »

La mère l'embrassa pour cette bonne résolution. Et toutefois elle pouvait se dire : « Comment vivrons-nous? »

Le jour même où il remit pour la première fois le pied à la rue, sa mère, qui le regardait de la fenêtre, le vit entrer dans une maison voisine, qui était celle d'un tisserand. Puis il revint auprès de sa mère, et lui dit : « Je ne peux plus être verrier, je serai tisserand. »

Et la mère de s'écrier : « O mon enfant, y penses-tu? » Car elle n'avait pas encore secoué les préjugés de sa caste.

— Il faut vivre, mère.

— Mais, mon fils!...

— Ce sera déroger, je le sais; mais j'ai appris à une rude école que tout travail doit être également noble, qui fait qu'on ne doit qu'à soi le pain de chaque jour. Le titre d'honorable artisan vaut bien après tout celui de noble mendiant.

Sa mère l'embrassa de nouveau, les yeux mouillés.

Et le jeune homme devint bientôt un habile faiseur de toile, comme il était devenu un excellent souffleur de verre ; et sa famille fut encore préservée de la misère.

Il perdit, en effet, sa qualité nobiliaire ; car ses compagnons, les gentilshommes verriers, furent les premiers à constater et à dénoncer l'acte de *dérogeance* qu'il avait commis. Mais il les laissa dire et faire ; et, tout en poussant sa navette, ne tarda pas d'acquérir dans le pays aisance et considération. Devenu roturier, il maria sa sœur avec un honnête roturier, qui la rendit heureuse. Puis il épousa, lui aussi, une honnête roturière ; et il trouvait le bonheur à voir croître et prospérer, sous les yeux de leur grand'mère, qui coulait près de lui une tranquille vieillesse, toute une fraîche nichée de marmots tapageurs.

L'on n'avait plus jamais entendu parler du fils aîné. On le croyait mort. La mère l'avait pleuré.

Voilà qu'un jour, un beau jour d'été, la femme du tisserand venait de poser, sur la nappe blanche d'une table dressée à niveau de la fenêtre ouverte, un vaste plat de terre, où un magnifique carré de mouton fumait sur un lit de choux odorants.

Le souper.

En ce moment, se trouvait de passage dans la rue certain soudard à la casaque fripée, au feutre gras, au plumet décoloré, aux bottes quelque peu avachies, dont le talon oblique se hérissait de longs éperons rouillés. (Il est bon de vous dire qu'à l'époque où cette histoire se passait, les armées n'avaient aucun caractère régulier. Lorsque la guerre pour laquelle on les avait rassemblés était finie, les soldats *sans ouvrage* devenaient le plus souvent des espèces de vagabonds, demandant à l'aventure le vivre, le gîte et le reste).

Or, l'homme d'épée, lorgnant l'appétissante victuaille : « Cordieu ! — fit-il, comme se parlant à lui-même, mais de façon à être bien entendu, — si les morts ne se réveillent pas à ce parfum, c'est qu'ils ont le sommeil terriblement dur.

— Eh ! seigneur cavalier, repartit franchement la femme avec un bon sourire, — car elle avait compris, et elle était d'humeur généreuse, — nous n'aurions que faire des morts à notre table ; mais elle est assez grande pour qu'un vivant de plus y puisse tenir sans nous gêner.

— Bien dit, ma commère ! fit le militaire, en s'approchant sensiblement de la fenêtre ; mais le vivant pourrait craindre de paraître indiscret.

— Il aurait tort. Entrez donc, seigneur, entrez donc ! »

Ce dialogue avait lieu avec accompagnement du clic-clac du métier qui bruissait dans la maison. Comme l'affamé, tout en se dirigeant vers le seuil, semblait encore hésiter, sans doute pour se donner une contenance : « Eh ! Jean ! appela la femme, viens donc un peu ici m'aider à faire comprendre au seigneur militaire que nous serons aises de l'avoir pour convive. »

Le tisserand vint, sa navette à la main, les manches retroussées, le buste ceint du tablier de travail. Mais à peine eut-il jeté un coup d'œil sur l'étranger : « Eh ! s'écria-t-il, avec un véritable transport de joie, c'est Hector, c'est mon frère. Venez vite, mère, hâtez-vous ! c'est lui, il n'est pas mort ! le voilà ! »

Et, les bras tendus, il courut vers la porte pour être plus tôt dans les bras de son frère. Mais quelle fut sa surprise de trouver devant lui le soldat qui, se redressant fièrement dans son harnois déguenillé, lui dit du ton le plus ironiquement dédaigneux : « Moi, votre frère, le frère d'un tisserand, d'un roturier ! Ah ! bonhomme, vous voulez rire ! Je ne vous connais pas. Il se peut qu'autrefois vous ayez porté le même nom que moi ; mais ce nom, qu'en avez-vous fait ?... »

Certes, le tisserand était homme à savoir répondre ; mais, comme un saisissement, fort explicable, le rendait muet, une voix parla au lieu de la sienne : celle de sa mère, qui était venue sur le seuil.

« Vous avez raison, seigneur cavalier, dit-elle.

Jean le tisserand s'est trompé quand il a cru reconnaître en vous un frère qu'il n'a pas vu depuis longtemps. Je vous en demande pardon, car, en vérité, il ne saurait y avoir rien d'honorable pour vous à être celui qu'il a nommé. Celui-là, voyez-vous, était un mauvais cœur, un égoïste, qui, après avoir coupablement dissipé le riche patrimoine dont il devait compte à sa famille, n'a plus songé, la ruine venue, qu'à se mettre, lui seul, à l'abri du besoin. Quand, pour le bonheur des siens, il a été parti, son frère s'est dit qu'un nom aussi indignement porté ne pouvait plus convenir à un honnête homme : et il l'a quitté pour en prendre un qu'il a su faire noble, et garder sans tache. Jean le tisserand s'est trompé; excusez-le, excusez-nous, seigneur cavalier. Celui pour qui il vous a pris est mort, bien mort : nous le savons maintenant. Suivez tranquillement votre chemin, monsieur le gentilhomme : c'est ici une pauvre maison roturière, où personne ne vous connaît. »

Et comme si rien d'étrange ne se fût passé, la mère referma la porte en ajoutant : « Laissons cet homme. » Puis elle alla s'asseoir à sa place accoutumée devant la table, et elle dit : « Mangeons. »

Mais, au lieu de venir auprès d'elle, le tisserand, qui avait écouté, et qui n'avait pas entendu l'homme s'éloigner, alla doucement rouvrir la porte. Le militaire était agenouillé, tête nue, sur le seuil; deux ruisseaux de larmes inondaient ses joues hâves.

Les deux frères.

« Jean, dit-il humblement, veux-tu m'apprendre ton état?

— Ah! s'écria la mère, j'ai retrouvé mon fils. »

Et elle courut relever l'homme qui pleurait.

. . . .

L'année d'ensuite, il y avait dans le pays un habile et laborieux tisserand de plus. Et si, d'aventure, il arrivait qu'on lui demandât s'il regrettait d'avoir fini par le travail :

« Plût à Dieu, répondait-il, que j'eusse commencé par là ! »

LES AIGUILLES ET LES ÉPINGLES

Un méchant petit morceau de fer. — Combien d'opérations pour le produire? — Un sommaire de ces opérations. — Les épingles. — Une histoire d'épingle. — Une histoire d'aiguille.

Il était une fois une petite fille fort peu soigneuse et dont l'extrême négligence faisait le désespoir de sa maman. Parmi les objets que cette demoiselle *sans-soin* ne manquait jamais de perdre ou d'égarer, figuraient en première ligne les aiguilles que, chaque jour, on lui donnait pour apprendre à coudre, et qui ne se retrouvaient jamais le lendemain, quand venait l'heure de se remettre à l'ouvrage. Et maman de gronder, et la petite négligente de tenir fort peu compte des réprimandes, en sorte que c'était toujours à recommencer, c'est-à-dire à renouveler et l'aiguille et la réprimande. Or, un jour que maman, tout à fait impatientée, grondait plus fort que de coutume, à propos d'une aiguille perdue, il arriva que notre petite sotte s'écria, en prenant bien garde que maman ne l'entendît pas, — car maman, qui n'aimait pas que l'on fût arrogante, n'eût pas laissé d'infliger à sa fille quelque grosse punition : — « Mon Dieu ! que de bruit pour peu de chose ! ne dirait-on pas que ce méchant petit morceau de fer soit un trésor !... »

Maman n'entendit pas ou ne voulut pas entendre, mais un ami de la maison, qui se trouvait là, entendit fort bien, lui, et prenant l'enfant à part :

« Méchant petit morceau de fer, dites-vous, mademoiselle? vous ne savez pas de quoi vous parlez ; et je veux vous en fournir la preuve.

D'abord, réfléchissez-y un peu, et vous verrez que sans ce méchant petit morceau de fer, comme il vous plaît de l'appeler, bien des demoiselles n'auraient aucun des coquets vêtements dont elles se parent orgueilleusement. Si l'on ne pouvait ajuster par la couture, dont l'aiguille est l'instrument, les diverses pièces d'étoffe qui ont été, au préalable, taillées en conséquence, l'on se trouverait réduit à s'envelopper le buste et les membres dans les pièces d'étoffe elles-mêmes ; ce qui, dans la plupart des cas, n'aurait rien de très commode, ni de fort gracieux ; et il faut croire que l'extrême difficulté de se procurer ce petit morceau de fer en l'état de ténuité et de résistance où vous le voyez, dut longtemps retarder les progrès de l'art du vêtement.

Mademoiselle *Sans-Soin.*

Aujourd'hui que les aiguilles sont vendues, pour ainsi dire, à vil prix, parce que les procédés de fabrication se sont perfectionnés en délicatesse et en promptitude, il semble que la confection d'une aiguille doive être une opération de la plus grande simplicité. Mais reportez-vous au temps où l'ensemble de l'industrie n'était pas ce qu'il est maintenant, et imaginez-vous la difficulté qu'une telle production devait présenter. Aussi à l'origine, ainsi que cela peut se voir encore chez certaines nations arriérées, on faisait usage d'épines d'arbre, ou de dards de porc-épic en guise d'aiguilles. Je vous laisse à penser la finesse de la couture obtenue à l'aide de pareils instruments.

D'ailleurs n'allez pas croire, sur la foi de l'apparence, que, même de nos jours, ce soit sans peine qu'on arrive à mettre à la portée de tous ce petit morceau de fer que vous dédaigniez si fort tout à l'heure; car — je vais sans doute vous étonner beaucoup — une aiguille, une simple aiguille n'arrive à sa perfection, qu'après une suite de CENT DIX A CENT VINGT manipulations diverses.

Oui, mademoiselle, il faut qu'à cent vingt reprises, des artisans s'occupent de cette petite parcelle de métal, avant qu'elle arrive aux mains de l'ouvrière, qui l'apprécie à sa juste valeur, ou de la jeune négligente qui n'en fait aucun cas.

Il va sans dire que vous me soupçonnez d'exagération. Il faut donc que je tâche de justifier ce que j'ai avancé.

Assurément je n'ai pas l'intention de suivre dans

tous ses moindres détails cette fabrication ; mais il me suffira, je pense, d'en indiquer les principales opérations pour que vous admettiez toutes celles que j'aurai passées sous silence. Notez même que si je devais faire entrer en ligne de compte les manipulations ayant pour objet la production préalable du fil d'acier qui constitue la matière première des aiguilles, le chiffre que je vous indiquais tout à l'heure devrait être augmenté de beaucoup. Mais contentons-nous de suivre le fil d'acier depuis le moment où il arrive en rouleaux à l'*aiguillerie*.

On commence par en vérifier la qualité : pour cela, on fait chauffer au rouge quelques brins qu'on plonge ensuite dans l'eau froide : la *trempe*, qui résulte de cette opération, permet de juger du plus ou moins de flexibilité résistante du fil. On divise ensuite les fils par grosseurs ou *calibres*, destinés à produire les aiguilles de divers numéros. Puis on place les rouleaux sur des dévidoirs pour en former des écheveaux, ces écheveaux passent immédiatement aux mains d'un ouvrier qui, à l'aide de grandes cisailles, devant lesquelles se trouve un régulateur, les coupe en morceaux de la longueur de deux aiguilles. Ces morceaux sont *redressés* un à un, car, en les coupant, l'effort des cisailles les a généralement courbés plus ou moins. Puis ils sont ivrés à l'aiguiseur. Celui-ci saisit entre l'index et le pouce (garnis de doigtiers de cuir) cinquante ou soixante brins, qu'il présente à une meule, en les faisant lentement tourner entre les doigts. Cette opération, qui exige une habileté très grande, fut pendant longtemps excessivement dangereuse, parce que l'ouvrier qui l'exécutait respirant sans cesse un air chargé de molécules d'acier, ne tardait pas à contracter une affection pulmonaire le plus souvent mortelle. Aujourd'hui, on remédie, mais en partie seulement, à cet inconvénient, en établissant au-dessus de la meule un courant d'air très actif qui entraîne les poussières nuisibles.

Quand l'aiguiseur a fait la pointe aux deux bouts des brins, un autre coupeur les tranche par le milieu.

Puis l'ouvrier *palmeur* les prend, par vingt ou vingt-cinq à la fois, entre le pouce et l'index de la main gauche, les étale comme un petit éventail, qu'il pose sur une petite enclume d'acier, et d'un léger coup de marteau il aplatit successivement chaque tête.

On fait alors *recuire* les aiguilles, c'est-à-dire qu'on les chauffe pour les laisser refroidir ensuite lentement, ce qui rend à l'acier toute la *douceur* ou, si vous aimez mieux, la *tendreté* qui doit faciliter l'opération du *perçage*.

Ce sont généralement des enfants qu'on emploie à percer les aiguilles ; car ils ont à la fois la main très délicate et la vue très subtile : deux conditions indispensables pour ce travail dans l'exécution duquel aucun mécanisme n'est appelé à guider ou à aider l'ouvrier.

C'est tout bonnement en se servant d'un poinçon, posé convenablement sur la tête de l'aiguille, reposant elle-même sur un petit tas d'acier, que les perceurs ou *marqueurs* opèrent. Ils ajustent leur poinçon, donnent un petit coup de marteau, puis retournent l'aiguille, répètent leur délicate manœuvre du côté opposé ; et le *chas* ou trou est produit. Je n'ai pas besoin de vous faire remarquer combien cette opération réclame de précision, de dextérité, surtout s'il s'agit d'aiguilles du plus mince calibre.

Aussi quand on va visiter les fabriques ne manque-t-on pas de manifester un grand étonnement en voyant avec quelle aisance et quelle célérité les enfants employés à ce travail s'acquittent de leur tâche. Mais, pour prouver que ce prétendu tour de force ne donne pas la mesure entière de leur habileté, nos jeunes artisans prennent un cheveu, le posent sur le tas d'acier, frappent sur un de ses bouts un petit coup de poinçon, et, afin de montrer qu'ils l'ont bien exactement troué, ils enfilent l'extrémité opposée du cheveu dans l'ouverture qu'ils viennent de pratiquer.

Voilà ce que peut l'habitude.

Une fois percées, les aiguilles sont confiées à d'autres enfants qui *alèsent* ou dégagent le *chas*. Puis l'*évideur* les prend, qui creuse avec une petite lime l'espèce de cannelure qui est sur le plat. Un autre ouvrier arrondit les têtes. On *trempe* ensuite les aiguilles par masses de 300 à 400 mille. On les recuit, pour les rendre moins cassantes, et comme l'effet successif du feu et de l'eau froide a pu les fausser, on les examine une à une et on redresse au marteau celles qui ne sont pas parfaitement droites.

Il faut alors les polir, ce qui s'obtient en les soumettant à l'effet de grandes machines, où elles sont en contact avec de l'émeri et de l'huile. Il faut ensuite les dégraisser. On les place, pour cela, dans des espèces de tambours tournants, avec de la sciure de bois. Puis on les *vanne*, pour les débarrasser de la poussière à laquelle elles sont mêlées. Le polissage se répète ordinairement plusieurs fois, et, par conséquent, il en est de même du dégraissage et du vannage.

Enfin, on les trie; opération qui consiste à les placer toutes dans le même sens, à les ranger par grandeurs et à mettre de côté celles qui sont défectueuses. Puis on compte un cent d'aiguilles, que l'on pèse, et l'on se sert de ce poids pour procéder, à l'aide d'une balance, à la formation des autres cents. Ensuite, avec une meule très fine, très délicate, on donne un dernier coup à la pointe : c'est ce qu'on appelle le *bleuissage*, parce que l'acier, s'échauffant par le frottement sur la meule, devient bleuâtre à l'endroit où ce frottement a lieu.

Il ne reste plus alors qu'à envelopper les aiguilles dans des morceaux de ce papier, couleur d'ardoise, que tout le monde connaît et qui est, en quelque sorte, le vêtement obligé sous lequel elles doivent se présenter dans le commerce; à numéroter ces paquets ; à les assembler par douzaines ou par assortiments; à mettre le tout dans des caisses, pour les expédier aux lieux de vente ou de consommation, et... je crois en avoir assez dit pour vous montrer le prix moral que vous devez attacher à ces petits morceaux de fer, si tant est que vous vous croyiez assez riche pour ne leur prêter aucun prix matériel.

— Mais alors, fit, avec quelque confusion, la jeune personne, qui venait de s'apercevoir qu'en écoutant parler l'ami de ses parents, elle avait machinalement passé son temps à mettre hors de service, en les tortillant dans ses doigts, une demi-douzaine d'épingles qui garnissaient une pelote placée devant-elle, mais alors les épingles!...

— Eh bien! ma chère enfant, répliqua doucement l'ami, à qui n'avait pas échappé le bon mouvement de la petite fille, les épingles sont fabriquées par des procédés à peu près analogues à ceux qu'on emploie pour les aiguilles, mais beaucoup moins compliqués cependant, depuis qu'on a substitué les épingles à têtes frappées aux épingles à têtes roulées. D'ailleurs, le travail manuel, qui est encore à peu près général dans l'aiguillerie, a, pour une grande partie, cédé le pas au travail mécanique dans la fabrication des épingles; c'est ce qui explique que les épingles atteignent aujourd'hui un bon marché aussi excessif.

— Ah! tant mieux! » soupira naïvement la petite fille, qui ne laissait pas cependant de tenir ses yeux tristement fixés sur les chétives victimes de son involontaire penchant à la destruction.

Alors son interlocuteur, pour faire charitablement diversion au remords qu'il avait provoqué : « Au reste, reprit-il, l'épingle et l'aiguille ont chacune leur légende qu'il faut que je vous dise. Nous commencerons par celle de l'épingle.

Vers la fin du siècle dernier, un jeune homme, né sur les frontières d'Espagne, arrivait à Paris, sans autre fortune que sa jeunesse, sans autres recommandations que sa bonne mine et le ferme désir de se créer une position sociale. Depuis plusieurs jours, d'autres disent depuis plusieurs semaines, il allait frappant à toutes les portes, sans qu'aucune d'elles voulût s'ouvrir, dans la bonne acception du mot. Si bien qu'à bout de ressources, il en était arrivé à désespérer de sa jeune destinée.

A tout hasard, cependant, comme il vient d'apprendre qu'une place de commis est vacante dans les bureaux d'un riche et célèbre banquier, il fait une dernière tentative auprès de l'homme de finance. Celui-ci, occupé, préoccupé, accueille assez brusquement le pauvre garçon, et tarde d'autant moins à l'éconduire que la place a été donnée le jour même.

Notre jeune homme descend donc, consterné, l'escalier que l'instant d'auparavant il avait monté avec quelque lueur d'espérance dans l'âme, et il s'éloigne tête basse.

Or, voilà qu'en traversant la cour de l'hôtel, il aperçoit une épingle à ses pieds. Machinalement, il s'arrête, se baisse, ramasse l'épingle, et, tout en poursuivant sa marche, la pique sous le collet de son habit.

Mais, comme il va franchir le seuil de la porte cochère, un laquais, qui a couru pour le rejoindre, le prie de vouloir bien retourner auprès du banquier, qui désire lui parler. Singulièrement

Un futur millionnaire.

surpris, il obéit. Il se retrouve bientôt en face de l'homme qui, tout d'abord, avait paru lui être fort peu sympathique et qui, cette fois, lui dit d'un ton presque paternel : « J'ai réfléchi ; je vous prends. Conduisez-vous bien, j'aurai soin de vous. »

Installé, dès le même jour, dans les bureaux, le nouveau commis s'y conduisait si bien, en effet, qu'en peu de temps il devenait non seulement l'homme de confiance, mais l'ami et, un peu plus tard, le successeur de son patron, et que, mis ainsi à la tête d'une entreprise financière très considérable, il arrivait à mériter, au bout de quelques années, une des réputations les plus honorables, autant comme habileté dans les affaires que comme distinction d'esprit et grandeur de caractère.

Il va sans dire que, lorsqu'il fut entré assez avant dans l'intimité de son patron pour se permettre une question de ce genre, Jacques Laffitte, — c'est le nom de ce digne parvenu de l'intelligence, — ne manqua pas de vouloir connaître la raison qui lui avait valu ce rappel subit, au moment où il allait sortir de la maison. Et l'on prétend que le vieux banquier lui fit cette réponse : « J'étais près de la fenêtre qui donne sur la cour ; je vous ai vu vous baisser pour ramasser une épingle, et je me suis dit que l'homme qui, même en venant d'être mal reçu, conservait ses instincts d'ordre jusqu'à ne pas vouloir qu'une épingle restât perdue, devait être un employé précieux, un garçon d'avenir ; et je ne me trompais pas. »

On a fort révoqué en doute la véracité de cette histoire ; mais on assure, d'autre part, que Jacques

Laffitte s'est toujours refusé à la démentir formellement.

Venons à l'autre histoire qui, pour être beaucoup moins connue, ne me semble pas moins intéressante.

Il y avait, dans un village, certain petit garçon, enfant de bohémiens, de vagabonds, qui, à l'exemple de ses parents, passait sa vie à mendier. Un jour, ce petit garçon, qui rôdait pieds nus, voit briller à terre une aiguille; sans trop savoir ce qu'il en fera, il la ramasse et continue son chemin, en grignotant une pauvre croûte de pain noir, qui était sa seule aubaine de la journée. Passant devant une maison, il aperçoit, assise sur le seuil, une petite fille qui pleurait qui se désolait.

« Qu'as-tu donc à pleurer ainsi?

— Je pleure, parce que, en cousant, j'ai cassé mon aiguille et, que ma mère me battra quand elle rentrera.

— Tiens! dit le petit, en voilà une que j'ai trouvée. Prends-la, ta mère ne saura rien de l'accident. »

La petite fille remercia vivement son bienfaiteur et se promit bien de lui témoigner sa reconnaissance à la première occasion ; car, au moment même, elle ne pouvait rien lui donner.

Cette occasion se présenta quelque temps après,

Le petit bohémien.

un jour où quelque parent, venu de la ville, avait fait cadeau à la petite fille de plusieurs paquets de belles et fines aiguilles. Ce jour-là, le petit pauvre passait de nouveau devant la maison.

« Tiens, lui dit la petite fille, tu m'as donné une aiguille ; je t'en rends un paquet.

— Eh! que veux-tu que j'en fasse?

— Nigaud. Tu iras les vendre par six ou par douze aux femmes du pays, et avec l'argent tu achèteras du pain. »

Le petit pauvre prit le paquet d'aiguilles et, suivant le conseil de la petite fille, il alla les offrir en vente et les vendit. Il n'en fallut pas davantage pour éveiller en lui le goût du commerce. Avec le prix du premier paquet, il acheta d'autres aiguilles dont il trafiqua encore avec bénéfice. Bientôt il eut une légère pacotille de mercerie : fils, lacets, dés, épingles. Un peu plus tard, le ballot devint si lourd qu'il dut acheter une petite voiture. Puis il se fixa à la ville, où il fit le commerce, d'abord en détail et ensuite en gros; tant et si bien qu'à trente ans il possédait quelque deux ou trois cent mille francs qui ne devaient rien à personne. Alors l'idée lui vint d'aller revoir le village où un *méchant petit morceau de fer*, perdu dans la poussière, avait été la cause première de sa fortune.

Comme il passait devant la maison où autrefois il avait vu pleurer l'enfant qui avait cassé son aiguille, il vit, assise à la même place, un ouvrage de couture à la main, une belle jeune fille dont il n'eut pas de peine à reconnaître les traits. Il s'informa. On lui dit que, bien que fort honnête et digne en tous points de s'établir convenablement, cette jeune personne, qui n'avait aucune fortune, n'était demandée en mariage par personne. Alors il alla la trouver :

« Me reconnaissez-vous, mademoiselle?

— Mon Dieu, non, fit-elle.

— Vous souvient-il d'un petit mendiant à qui vous rendîtes un paquet d'aiguilles, pour une qu'il vous avait donnée?

— En effet, je me souviens maintenant.

— Eh bien! votre cadeau m'a porté bonheur, et vous m'obligeriez si vous vouliez prendre votre part de la fortune qui, grâce à vous, m'est échue.

— Comment donc, monsieur?

— En consentant à m'épouser... »

Ils s'épousèrent. Et le spirituel écrivain qui a le premier rapporté cette histoire toute moderne affirme qu'ils n'eurent jamais lieu ni l'un ni l'autre de s'en repentir.

L'ATMOSPHÈRE

Le tonneau mystérieux. — Une explication du mystère. — Le vide existe-t-il? — Expérience sur expérience. — Les pompes. — Autres expériences. — L'air est-il pesant ? — Encore des expériences. — Un jouet scientifique.

On m'a tantôt amené un tonneau de vin que j'ai fait descendre dans ma cave. Comme j'avais hâte de savoir si le marchand m'avait bien envoyé la qualité convenue, je me suis muni d'une vrille et d'un verre ; j'ai percé, à l'aide de la vrille, un trou vers le bas du tonneau, et, l'instrument retiré, j'ai tendu le verre pour recevoir le liquide qui devait nécessairement jaillir du trou. Mais rien n'a coulé. — Autant que je puis croire cependant, la pièce est pleine ; car j'ai remarqué que les voituriers qui me l'ont amenée faisaient de grands efforts pour la remuer; et quand je frappe dessus, elle ne rend nullement le son caverneux particulier aux tonneaux vides. Mais les voituriers ont bien pu simuler des efforts pour me faire accepter un fût qui ne contenait rien, et je ne dois pas davantage m'en rapporter au vague indice du son. Il faut examiner la chose de plus près; et pour cela, je ne sais rien de mieux que d'enlever la bonde du tonneau. J'ai là mon *battoir* de tonnelier, j'en frappe deux ou trois coups secs sur les douves supérieures; la bonde saute, et tout aussitôt, par le trou de vrille, un jet part qui, en une seconde, remplit mon verre, et qui continuerait à jaillir si je ne l'arrêtais, en insérant un fausset (petite cheville pointue) dans le trou.

Le tonneau étant ouvert par le haut, j'acquiers aisément la certitude qu'il est plein, aussi plein que possible, puisque je vois le liquide presque affleurer l'ouverture. Je replace donc la bonde; mais comme je vais pour prendre le verre afin de goûter le vin, je fais un faux mouvement, le verre roule à terre et se vide : il faut que je le remplisse de nouveau. Je le présente au-dessous du trou de vrille, d'où j'arrache le fausset, et, à ma grande surprise, il ne coule pas plus de vin que la première fois. Voyons donc si l'expédient qui m'a fortuitement réussi tout à l'heure, aura encore son effet. — Pan! pan!... la bonde saute, le jet se produit, mon verre déborde en un clin d'œil.

Eh bien! qu'en dites-vous? Ne vous semble-t-il pas que ce soit quelque chose d'étrange que ce tonneau plein qui refuse de laisser écouler le liquide qu'il contient, à moins que nous n'ouvrions un trou par en haut, en même temps qu'un trou par en bas, et cela en dépit de la tendance naturelle qu'ont les liquides à descendre par leur propre poids à un niveau moins élevé[1]. Il y a là un phénomène bien propre à attirer notre attention; c'est pourquoi vous serez, je pense, d'avis que nous nous adressions aux physiciens, qui en ont certainement la clef, pour les prier de nous éclairer sur ce point.

Or, comme il y a déjà bien des siècles qu'on emploie les tonneaux, et que, depuis bien des siècles, l'effet qui nous a frappés a dû être remarqué, et par conséquent expliqué, il importe peu sans doute que nous ayons recours aux physiciens de telle ou telle époque. Ne remontons pas trop loin cependant, car nous nous exposerions à ce que ces braves savants formulassent leur réponse, dans un latin barbare, que nous serions bien empêchés de comprendre. N'allons pas au delà du dix-septième siècle (ce qui, historiquement parlant, est un âge tout moderne).

1. C'est à cette tendance que les rivières doivent de couler.

Évoquons, par exemple, le témoignage de quelque docte personnage ayant vécu à la fin du règne de Louis XIII, vers 1630.

Nous lui avons exposé notre embarras ; laissons-lui la parole : « Mon Dieu ! mes amis, dit-il, c'est la chose la plus simple du monde : Suivez bien mon raisonnement. Si, quand vous avez percé un trou de vrille au bas d'un tonneau, hermétiquement clos par le haut, le liquide s'écoulait, qu'est-ce qui viendrait prendre dans le tonneau la place que ce liquide n'occuperait plus ? Au moins, réfléchissez bien avant de répondre. Je répète ma question sur une autre forme : « Voyons, que resterait-il au lieu du liquide ? »

— Eh ! monsieur le savant, il ne faut pas, croyons-nous, de longues réflexions pour trouver cela. Ne tombe-t-il pas sous le sens qu'à la place occupée par le liquide il ne resterait rien.

— Rien, c'est-à-dire *le vide*. C'est bien ainsi que vous l'entendez ?

— Oui, monsieur le savant, et pas autrement

— Et voilà justement ce qui fait que le vin ne

saurait couler par l'issue que vous lui avez ouverte. La nature le défend.

— La nature?

— Oui, mes amis, la nature qui a *horreur du vide,* et qui ne peut souffrir qu'un espace quelconque existe sans contenir quelque chose. C'est cette horreur du vide, sentiment tout-puissant de la nature, qui vous explique que le liquide reste dans le tonneau quand rien ne peut venir l'y remplacer, tandis que si vous ouvrez la bonde, aussitôt la nature ne s'oppose plus à ce que le liquide coule, parce que aussitôt l'air entre dans le tonneau, et empêche que le vide ne se forme.

— Êtes-vous bien sûr de ce que vous avancez là?

— Comment, si j'en suis sûr!

— Avez-vous l'intime conviction que la nature éprouve ce sentiment d'aversion, d'horreur pour le vide, dont vous la douez?

— C'est là une de ces vérités auxquelles il est impossible d'opposer le moindre argument contradictoire. »

Mais à peine avons-nous fini de causer avec ce grave personnage, à qui nous n'assignerons aucun nom particulier, car cent et mille physiciens auraient pu se trouver alors pour énoncer dans les mêmes termes les mêmes idées, généralement reçues, que voici venir de Rome un jeune homme nommé Torricelli, qui, un sourire d'ironie aux lèvres : « Regardez, nous dit-il, regardez bien, je vous prie. »

Il tient dans une main un tube de verre, qui mesure environ un mètre, et qui est fermé par un bout ; dans l'autre main il porte un flacon plein de mercure (un métal qui, quoique froid, est liquide comme du plomb bouillant), il a devant lui une petite cuvette au fond de laquelle est une certaine quantité de ce même liquide. Il approche le goulot du flacon de l'extrémité ouverte du tube, et doucement il fait couler le mercure dans le tube jusqu'à ce que celui-ci en soit plein. Cela fait, il se débarrasse du flacon. Il pose un doigt sur l'ouverture du tube pour la boucher. Puis il renverse le tube de façon à ce que l'extrémité close soit en haut, et, toujours gardant l'ouverture fermée avec son doigt, il porte le tube sur la cuvette dans le mercure de laquelle il engage cette extrémité qu'il maintient bouchée. Puis il retire son doigt.

Aussitôt, nous voyons le mercure contenu dans le tube, et qui jusqu'alors l'avait rempli tout entier, descendre jusqu'au moment où il n'en occupe plus que les trois quarts environ; et le jeune physicien nous dit en montrant la distance comprise entre l'extrémité close du tube, et le point où le mercure s'est arrêté : « Que pensez-vous qu'il y ait là, dans cet espace que le mercure occupait tout à l'heure, et où rien n'a pu pénétrer quand le mercure s'est retiré?

« — La réponse est facile. Dans cet espace il n'y a évidemment rien.

« — Rien, c'est-à-dire le vide. Est-ce bien ainsi que vous l'entendez?

« — Oui, et pas autrement.

« — Alors le vide existe ; et la prétendue horreur du vide, qu'on prête à la nature, n'est qu'une naïve invention des gens qui n'ont pas su comprendre que la *pression de l'air* qui nous entoure est la véritable cause de cette suspension extraordinaire des liquides, à un niveau différent de celui que leur pesanteur devrait leur faire trouver.

« — Pardon, monsieur Torricelli, mais nous ne saisissons pas bien...

« — Je vais donc tâcher d'être plus précis. Regardez encore le tube que je tiens, et qui est par le bas en communication avec la cuvette où il y a du mercure. Pourquoi, ainsi que vous pouvez le voir, le métal se maintient-il dans le tube à une hauteur de 76 centimètres au-dessus du niveau de la cuvette? C'est que la masse d'air qui enveloppe le monde pèse sur le mercure de la cuvette, et, en faisant équilibre à la colonne de métal qui est formée dans le tube, l'empêche de redescendre. Voulez-vous la preuve de ce fait? Je vais vous la donner. »

Ici le jeune physicien frappe, avec une clef qu'il a tirée de sa poche, un petit coup sec sur le haut du tube, qui se brise : et aussitôt tout le mercure, qui formait colonne dans le tube, s'écoule dans la cuvette.

« — Vous voyez, reprend-il : du moment où j'ai donné accès à l'air par le haut du tube, le vide dans lequel le mercure était repoussé a cessé d'exister, et le liquide, également pressé dans tous les sens par l'air, n'obéissant plus qu'à son propre poids, s'est écoulé pour gagner le niveau le plus bas. C'est l'histoire de votre tonneau. Maintenant, vous me demanderez sans doute comment il se faisait que le mercure ne restât en équilibre dans le tube que jusqu'à une hauteur de 76 centimètres, au lieu de le remplir tout à fait. Je vous répondrai que je trouverai là une nouvelle preuve de ce que j'avance sur la pression de l'air : car j'affirme que le poids d'une colonne de mercure de 76 centimètres de hauteur est égal à celui de la masse d'air qui nous enveloppe et pèse sur nous, et c'est pourquoi le mercure se maintient à ce niveau, absolument comme le plateau d'une balance en équilibre avec l'autre. Notez, s'il vous plaît, que, si au lieu de me servir de mercure pour cette expérience, j'avais employé de l'eau, liquide 13 fois et demie plus léger que le mercure, j'aurais pu voir l'eau se maintenir en équillibre, par le seul effet de la pression de l'air, dans un tube 13 fois et demie plus long, c'est-à-dire mesurant $10^{m},26$.

« — Est-ce possible, monsieur Torricelli? Quoi! la seule pression de l'air forcerait l'eau à rester suspendue dans un tube jusqu'à une pareille élévation, à la hauteur d'une maison ordinaire?

« — A $10^{m},26$, soit environ *trente-deux pieds*[1] anciens : ni plus ni moins : c'est le point où la colonne d'eau fait équilibre à la colonne d'air. Et je dois même vous faire savoir que c'est à cette question de l'élévation de l'eau par la pression de l'air que je dois la découverte de la théorie dont je viens de vous entretenir,

« — Comment donc, monsieur Torricelli?

1. Le pied équivalait à 32 centimètres environ; le pouce à 2 centimètres environ et la ligne à 2 millimètres un quart.

« — Je m'explique. Avez-vous quelquefois cherché à vous rendre compte du principe qui fait que l'eau qui est au fond d'un puits monte dans les tuyaux d'une pompe? — Non, n'est-ce pas? Eh bien! qu'est-ce qu'une pompe? Un tube, un tuyau dans le haut duquel va et vient un piston nanti d'une soupape, s'ouvrant de bas en haut. Quand vous agitez le balancier de la pompe, pour imprimer au piston son mouvement habituel, quel effet pensez-vous produire? — Je suis certain que vous croyez aspirer l'eau, et la forcer ainsi à s'élever par la force de vos bras : ce qui n'est rien moins qu'une orgueilleuse illusion; car, pour peu que le tuyau eût quelque longueur, vous n'imaginez pas le poids que vous seriez censé soulever. Non, vous aspirez tout simplement l'air qui peut se trouver entre le piston et le niveau normal de l'eau, et, comme vous opérez ainsi le *vide* dans le haut du tuyau, aussitôt la pression de l'air qui agit sur l'eau du puits en refoule une certaine quantité dans le tuyau, et la pompe fonctionne.

« On avait longtemps dit, par l'application de l'ancienne théorie, que dans ce cas encore la nature manifestait son horreur pour le vide. Mais voilà qu'un beau jour, à Florence, des fontainiers ayant placé sur un puits une pompe dont les tuyaux mesuraient douze mètres, ou trente-six pieds, s'aperçurent qu'en dépit de tous leurs efforts, l'eau ne pouvait s'élever jusqu'à l'orifice où on espérait la voir couler. Surprise. On cherche la cause de cet insuccès : on ne la trouve pas, et l'on renonce à faire fonctionner l'appareil.

« Cette cause, je l'ai trouvée, moi. C'est que la pression de l'air ne peut faire équilibre qu'à une colonne d'eau de trente-six pieds. Descendez l'orifice de la pompe à ce niveau, et vous verrez qu'aussitôt la pompe vous donnera de l'eau. Or, pour rendre la démonstration plus facile, afin de n'avoir pas à manier un tube de douze mètres, j'ai eu l'idée de substituer à l'eau le mercure, qui est 13 fois plus lourd, et qui devait, en conséquence, s'établir en équilibre avec la pression de l'air, par une colonne 13 fois moins haute.

« L'expérience a vérifié parfaitement la justesse de mes suppositions. Et pourtant, en dépit de cette concluante, de cette irrécusable démonstration, il se trouve encore des gens pour nier la pression atmosphérique, pour parler quand même de l'horreur du vide, en alléguant que cette horreur a un terme, une mesure, et que... »

Notre jeune physicien romain en est là de son explication, quand survient un autre jeune homme.

mais un Français cette fois, nommé Blaise Pascal, lequel, avec l'heureuse animation naturelle à l'homme qui vient de pénétrer un des secrets du créateur : « Soyez tranquille, Torricelli, dit-il, j'espère qu'à l'avenir vous n'aurez plus le chagrin de voir cette magnifique découverte contestée, car j'apporte à l'appui de la vérité que vous avez mise le premier en lumière, des témoignages dont les esprits les plus hostiles devront reconnaître la valeur.

« — Ah ! voyons ! fait le Romain dont le visage rayonne.

« — Vous allez voir. Je vous dirai tout d'abord que lorsque j'eus connaissance de votre belle découverte par la colonne de mercure, l'idée me vint de la contrôler par l'expérience qui vous avait semblé trop difficile à exécuter, je fis donc organiser un tube de quarante pieds qui pouvait être manœuvré à l'aide de supports : j'emplis ce tube de vin rouge, puis je le renversai sur une cuve d'eau, absolument comme vous aviez fait de votre tube plein de mercure, et aussitôt que j'eus débouché l'extrémité inférieure, je vis la colonne de vin descendre au niveau d'équilibre que vous aviez indiqué, c'est-à-dire à trente-deux pieds, en laissant, par conséquent, dans le haut du tube, un vide de huit pieds.

Expérience des hémisphères de Magdebourg.

« — Bravo! s'écrie Torricelli.

« — Attendez, car jusques ici la question n'a pas fait un grand pas, c'est une simple confirmation, rien de plus. Mais voici autre chose. En réfléchissant à ce résultat, je m'expliquai que les entêtés partisans de l'horreur du vide pussent encore vous opposer que vous n'avez rien fait de plus que fixer la limite au delà de laquelle la nature n'est plus assez forte pour manifester cette instinctive aversion. Alors, je me suis fait ce raisonnement :

« Si, comme tout semble l'indiquer, c'est bien au poids de l'air qui enveloppe le globe, que sont dus les effets de refoulement, de suspension des liquides qu'on a jusqu'ici attribués à l'horreur du vide, nul doute que ce poids de l'air ne doive diminuer, à mesure qu'on s'élève dans l'atmosphère. Or, j'ai un parent, qui habite Clermont en Auvergne, ville auprès de laquelle se trouve une des plus hautes montagnes de France, le Puy-de-Dôme; je lui ai dit par lettre ceci : « Prenez un tube et du mercure, faites à Clermont l'expérience de Torricelli, marquez sur le tube le point juste où le mercure sera resté suspendu, puis emportez le tout au sommet du Puy-de-Dôme, répétez l'expérience, et voyez s'il y a une différence dans le niveau du mercure... Et si, comme j'ai tout lieu de l'espérer, cette différence existe, mal en prendrait, je crois, aux partisans de l'ancienne théorie de la soutenir encore, car il leur faudrait alors démontrer comme quoi « la nature abhorre le vide au pied de la montagne, plus que sur le sommet. »

« — Eh bien, eh bien?... demanda Torricelli impatient.

« — Eh bien, mon parent a fait ce que je l'avais prié de faire; or, dans son expérience du bas de la montagne, le mercure se maintenait dans le tube à *vingt-six pouces et trois lignes*, et dans son expérience du sommet, le mercure ne s'est plus élevé qu'à *vingt-trois pouces et une ligne*, ce qui donne une différence de trois pouces et deux lignes.

« De plus, j'ai moi-même, à Paris, fait une expérience qui, pour être moins frappante, ne laisse pas d'avoir une signification analogue. J'ai opéré d'abord au pied, puis au faîte de la tour Saint-Jacques la Boucherie, et, bien que la hauteur de cet édifice soit infime, relativement à celle du Puy-de-Dôme, j'ai cependant constaté que le niveau du mercure dans le tube était sensiblement moins élevé au haut qu'au bas de la tour[1].

1. C'est en souvenir de cette dernière expérience que la statue de Blaise Pascal a été placée dans la Tour Saint-Jacques.

« Donc, la théorie de l'horreur du vide a fait son temps, et la théorie de la pression atmosphérique ne peut plus être seulement discutée. Honneur à vous, Torricelli, qui avez doté la science de cette brillante vérité.

« — Honneur à vous, Pascal, qui avez su en assurer le triomphe[1] » !...

Laissons les deux savants s'adresser les éloges qu'ils méritent, car en voici un troisième qui semble avoir quelque chose d'intéressant à nous dire. Celui-là est Allemand, il s'appelle Otto de Guéricke, et il a le titre de bourgmestre de la ville de Magdebourg. Il tient à la main un ballon, une bouteille sphérique de verre, au goulot de laquelle est adoptée une clef de robinet.

« Croiriez-vous, nous dit-il, qu'en dépit des expériences si claires, si concluantes de Torricelli et de Pascal, des gens avaient encore la ridicule audace de nier la pesanteur de l'air, la pression atmosphérique résultant de cette pesanteur ?

J'ai donc avisé au moyen de les réduire définitivement au silence, et, pour cela, je me suis

1. Avons-nous besoin d'ajouter que l'instrument de physique appelé *baromètre*, et qui sert notamment à déterminer les diverses *altitudes*, n'est autre que le tube de Torricelli, duquel Pascal fit le premier une si remarquable application.

attentivement préoccupé de produire à volonté ce vide dont ils s'obstinent à nier la possibilité. J'ai pris, par exemple, un grand flacon comme celui-ci, j'en ai vissé le goulot au tuyau d'une pompe à l'aide de laquelle j'ai fortement aspiré ce que pouvait contenir le flacon. Puis, ayant fermé le robinet du goulot, j'ai posé le flacon sur le plateau d'une balance; j'ai mis sur l'autre plateau des poids convenables pour que l'équilibre fût parfaitement établi. Puis, en présence des incrédules, j'ai ouvert le robinet. Et aussitôt nos incrédules ont pu voir le plateau qui supportait le flacon s'abaisser; et quand ils ont voulu rétablir l'équilibre, il leur a fallu mettre sur l'autre plateau un poids d'environ deux grammes et demi, car il avait pénétré environ deux litres d'air dans le flacon. Donc l'air a bien réellement une pesanteur. Un litre d'air pèse, je viens de vous le dire, environ un gramme un quart. Or, comme il y a des millions de litres d'air entassés au-dessus de nous, cela nous explique la puissance de pression qu'une telle masse peut exercer[1].

1. On a fait depuis divers calculs sur le poids et l'étendue de la couche d'air ou atmosphère qui nous entoure. L'opinion la plus généralement admise veut que l'atmosphère (où l'air va d'ailleurs en se raréfiant de plus en plus, à mesure que l'on monte, comme l'ont constaté les aéronautes) ait une hauteur d'environ 70,000 mètres : et il est avéré que le corps d'un homme de moyenne taille supporte un poids d'air d'environ 16,000 kilogrammes. Poids énorme, qu'aucun homme ne sau-

« Pour démontrer cette puissance par des faits d'un autre genre que la suspension des liquides, j'ai imaginé certaine expérience à laquelle il faut que je vous fasse assister.

Ici, le physicien allemand nous montre deux moitiés de globe en métal, quelque chose comme deux calottes s'adaptant parfaitement l'une avec l'autre par leurs bords, et formant alors une sphère creuse. Le fond de l'une de ces calottes est percé d'un trou, correspondant à un bout de tuyau, qui peut être ouvert ou fermé par une clef de robinet, comme le goulot du flacon de tout à l'heure; des anneaux sont attachés çà et là sur l'extérieur des deux calottes.

« Vous voyez, reprend le physicien, en posant les calottes bord contre bord, vous voyez qu'il n'y a pas la moindre adhérence entre elles, et qu'avec le moindre effort on les sépare, absolument comme on ferait d'une marmite et de son couvercle. Maintenant, les deux hémisphères étant rapprochés, j'adapte le bout du tuyau que porte une des calottes, au bout du tuyau de ma

rait soutenir s'il était représenté par un bloc de matière quelconque; mais il faut remarquer que l'air exerce sa pression dans tous les sens, à l'intérieur aussi bien qu'à l'extérieur de notre corps, et il en résulte que, ces deux forces s'équilibrant c'est comme si la pression n'existait pas.

pompe aspirante[1], et j'agite le balancier pour procéder à l'extraction de l'air enfermé dans l'intérieur de la sphère creuse. — C'est fait. — Je tourne la clef du robinet, j'éloigne la pompe, dont nous n'avons plus besoin, et je vous prie de vouloir bien essayer de séparer les hémisphères en tirant à l'aide des anneaux. Ne vous gênez pas, mettez-vous en nombre, tirez d'ici, tirez de là, comme il vous plaira, pourvu que vous ne touchiez pas à la clef du robinet. »

Nous voilà donc cramponnés aux anneaux, et nous évertuant à qui mieux mieux, mais les hémisphères ne semblent pas vouloir broncher. Alors le physicien souriant :

« Attendez, dit-il, vous allez avoir du renfort. »

On amène en effet seize vigoureux chevaux, qu'on attèle huit aux anneaux d'une calotte, et huit aux anneaux de l'autre. Et « hue! » Ah bien oui! Les chevaux ne font pas plus que nous; les hémisphères restent collés... « Ah! physicien, il y a certainement là quelque tour de votre

1. Cette pompe, d'ailleurs perfectionnée, et qui figure aujourd'hui dans tous les cabinets de physique, est connue sous le nom de machine *pneumatique* (ce dernier mot dérivant du mot grec *pneuma*, air). Elle sert, comme au temps de son inventeur, à démontrer l'existance du vide, et permet d'exécuter un grand nombre d'expériences fort curieuses.

métier ; car il est impossible que la seule pression de l'air oppose une telle résistance ; vous aurez, sans que nous le voyions, rivé, vissé vos calottes. »

« — Peut-être bien, réplique-t-il malicieuse-

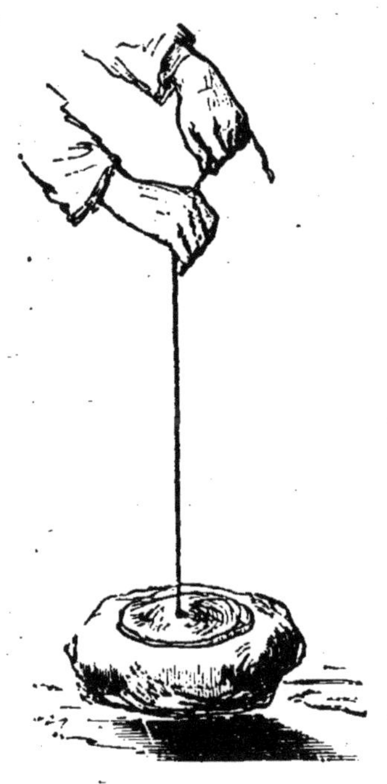

Le lève-pierre.

ment ; mais pour vous en assurer, l'un de vous n'a qu'à tourner la clef du robinet, afin que l'air puisse pénétrer à l'intérieur de la sphère. »

Sitôt permis, sitôt fait ; l'un de nous tourne la

clé, et sans plus de façon, les hémisphères se séparent, et tombent d'eux-mêmes derrière les chevaux.

Après cela, je crois que nous n'avions plus à garder le moindre doute sur la pesanteur, sur la pression atmosphérique.

C'est pourquoi, bornons ici notre petit voyage scientifique dans le passé. Nous y avons vu, j'imagine, des choses assez surprenantes et assez intéressantes.

Je dois toutefois, avant de passer outre, vous faire remarquer que certain jouet nommé, je crois, *lève-pierre* ou *arrache-pavé*, est basé sur l'expérience d'Otto de Guéricke. Le lève-pierre est tout bonnement composé d'une rondelle de cuir percée, au milieu, d'un trou dans lequel on fait passer une corde terminée par un nœud. On mouille la rondelle, on l'applique ensuite sur quelque pierre plate; et il n'est pas rare qu'on puisse ainsi enlever, au bout de la corde, par le seul fait de la pression atmosphérique qui maintient l'adhérence, un poids relativement considérable.

LA PRÉDICTION DU TEMPS

ET LE BAROMÈTRE

Peut-on prévoir le temps qu'il fera? — Les prédictions des almanachs. — Le système de l'abbé Cotte. — Les probabilités météorologiques. — L'observatoire de Montsouris. — Ce qu'indique le baromètre. — Les différentes sortes de baromètres. — Le baroscope. — L'hygromètre. — Les baromètres naturels. — Les animaux-baromètres.

« Tel qui rit vendredi, dimanche pleurera, » affirme Petit-Jean, l'homme aux proverbes. Dans le monde, on dit vulgairement, et sans doute en partant d'un principe contraire, que le temps du vendredi sera celui du dimanche.

Ce qui prouve que la fantaisie est une belle et puissante souveraine, qui a des droits imprescriptibles un peu partout.

Et, ma foi! le mot de fantaisie vient bien à propos quand il s'agit de cette chose qui a préoccupé et préoccupe encore tant de gens, à savoir la prédiction du temps.

A commencer seulement par le facétieux Matthieu Laensberg, pour finir par le sérieux Matthieu de la Drôme, en vit-on jadis et en voit-on aujourd'hui des *prédiseurs* de pluie et de beau temps!

Que voulez-vous! cela fait le double compte et des gens qui ont la platonique manie de la prophétie, et des gens qui ont des almanachs à débiter pour la grande satisfaction d'une escarcelle qui demande à s'arrondir.

— Donc, allez-vous déduire, votre avis est qu'on ne peut prédire le temps qu'il fera ?

— Je ne dis pas cela.

— Alors vous admettez qu'on peut le prédire ?

— Je n'affirme rien de semblable.

— En ce cas que dites-vous donc? qu'affirmez-vous donc?

— J'affirme surtout que je n'affirme rien; car si j'affirmais, il pourrait s'ensuivre soit que je donnasse raison à de ridicules superstitions ou à des systèmes qui, tout en étant édifiés de bonne foi peut-être, ne reposent pas moins sur des chimères, soit que je fisse mépris d'idées relativement sensées ou d'aperçus souvent ingénieux. Puis aussi, il y a prédictions et présages. Je ne crois guère, et, à moins de manie ou de motifs intéressés, on ne peut guère croire ou paraître croire aux prédictions proprement dites, tandis que les présages sont non seulement admissibles, mais très rationnels en beaucoup de cas.

— C'est déjà quelque chose.

— Sans doute, mais c'est tout.

— Assertion et non démonstration.

— En vérité, vous voulez que je démontre? Eh bien! raisonnons. Vous me permettrez, j'imagine, d'écarter tout d'abord, — non sans quelque regret, car il y avait là tant de naïves fantaisies! — d'écarter, dis-je, ces kyrielles d'indications que nos pères alignaient tout le long, le long de la liste des jours dans le *Messager boiteux*, l'*Almanach de Milan* et autres guides chronologiques sur papier à chandelles. Vous vous rappelez, n'est-ce pas, car il n'y a pas longtemps que ces prophètes-là prophétisaient, les petits signes conventionnels qui traduisaient les présages météorologiques quotidiens : une tête d'ange souffleur signifiant *vent*, un pot indiquant *pluie*, une flèche pour *éclairs et tonnerre*, un chapeau pour *le beau temps*, une espèce de croisillon pour *la neige*, un petit gribouillis pour *le brouillard*, je ne sais plus quoi pour *la grêle* et pour *la gelée;* mais je vois encore les signes supplémentaires qu'on pourrait appeler physiologiques : à savoir une petite paire de ciseaux indiquant que ce jour-là serait excellent pour la coupe des cheveux : *bon tondre*, en langage d'almanach ; une petite fleur : *bon semer ;* une fourche : *bon fumer la terre ;* un verre : *bon prendre médecine;* un petit rond noir : *bon prendre pilules;* il y avait même un signe qui signifiait *bon couper les ongles*, et que sais-je?... De telle sorte que, chaque jour étant marqué comme fatalement bon à faire ou à prendre quelque chose, les ivrognes qu'on surprenait en délit de caresse trop prolongée de la dive bouteille vous disaient invariablement :

« Que voulez-vous? J'ai vu aujourd'hui trois B sur l'almanach. »

— Trois B ! Qu'est-ce à dire?

— C'est-à-dire : *Bon Beaucoup Boire*. Avouons que tout cela ne manquait ni d'originalité, puisque cela faisait rire, ni d'innocence, puisque depuis bien lontemps personne ne s'avisait plus d'en rien prendre au sérieux.

Au lieu de ces purs enfantillages, qu'avons-nous aujourd'hui? des gens qui, se targuant d'avoir mis à néant la fantaisie, prétendent ériger la prévision du temps en science superlativement exacte, et ne vont à rien moins qu'à nous donner, eux aussi, et sans rire le moins du monde, — car s'ils riaient, leur almanach ne se vendrait plus, ou l'importance qu'ils s'attribuent en serait compromise, — qu'à nous donner, dis-je, des kyrielles de pronostics qu'on regrette fort de ne pas voir traduits, comme dans le *Messager boiteux*, par l'ange souffleur, le petit pot, le chapeau, la flèche ou le gribouillis. En réalité, toute leur invention, — je ne dis pas leur mérite, — consiste à avoir changé l'alphabet du grimoire Matthieu Laensberg et fait souche de Matthieux, qui renient gravement leur origine, et qui ne s'en trouvent pas plus mal, puisque leur grimoire se vend aussi bien et peut-être mieux que ne se vendait celui de l'ancêtre.

Et dire que certaines gens refusent de croire à l'influence fatidique d'un nom!

Or, voulez-vous savoir en vertu de quel principe, et en s'armant de quel semblant d'autorité scientifique ces nouveaux *Messagers boiteux* se présentent au bon public comme prophètes infaillibles? Oh! c'est bien simple, allez. Tout d'abord, ils admettent que l'atmosphère terrestre doit aux phases lunaires toutes ses diverses conditions de calme ou de perturbation, d'humidité ou de sécheresse; et comme toutes les dix-neuf années, c'est-à-dire à l'échéance nouvelle de ce que les astronomes appellent la période lunaire, il arrive que les phénomènes lunaires reviennent en coïncidence identique avec les phénomènes solaires, ils prétendent qu'il en est des conditions atmosphériques de notre globe absolument comme il en serait d'une boîte à musique dont le rouleau pointillé se trouverait après dix-neuf motifs différents revenu à son premier refrain. Pour eux donc, tous les dix-neuf ans, saison par saison, jour par jour, tout se recommencerait dans le cours des modifications atmosphériques, de telle sorte que si le 1er janvier 1865 a été sec ou humide, froid ou doux, clair ou brumeux, le 1er janvier 1884 devra être forcément brumeux ou clair, doux ou froid, humide ou sec, selon ce qu'aura été son correspondant. Et voilà tout le système, qui ne laisse pas cependant d'avoir une sorte de vernis scientifique, car ceux qui le professent déclarent qu'ils ne l'ont édifié qu'en compulsant attentivement les archives des observatoires, et en confrontant les séries d'observations des diverses périodes de dix-neuf ans.

Et en somme, cette fameuse science, si le bien fondé de ses données pouvait être prouvé, se bornerait à noter pendant dix-neuf ans le temps qu'il fait chaque jour. Ce tableau une fois dressé servirait à perpétuité et rendrait indéfiniment inutile toute observation nouvelle, puisque étant admis un chapelet météorologique d'autant de grains qu'il y a de jours en dix-neuf ans, nous ne ferions jamais que recommencer à l'égrener aussitôt que nous en aurions trouvé la fin.

Je vous disais bien que cela était simple comme bonjour. Avec dix-neuf ans de patience, le plus grand innocent de la terre deviendrait le plus sagace, le plus exact des météorologistes. Cette école, — dont l'école des Matthieux n'est qu'un rameau tant soit peu moins élémentaire, — a pour chef l'abbé Cotte, qui vécut de 1740 à 1815, et qui, après avoir compulsé toutes les observations météorologiques d'une période de dix-neuf années, dressa, en 1805, un tableau de prévision du temps qui s'étend jusqu'en 1898; — il ne s'est même arrêté là, probablement, qu'en pensant qu'une fois la démonstration faite pendant un siècle, il était inutile de la faire pour les siècles suivants, puisque toute la science consisterait désormais à égrener invariablement le même chapelet. Convenez que ce serait commode, si cela pouvait avoir l'ombre de vraisemblance ou de possibilité.

Je sais bien que l'abbé Cotte a eu pour lui de nos

jours le suffrage du savant, très savant feu Raspail, qui l'a simplement sacré l'un des *philosophes* les plus distingués du siècle dernier et qui, dans son Almanach de chaque année, citait ses prévisions du temps comme paroles d'Évangile. Mais que voulez-vous? Raspail, insurgé scientifique, ne pouvait être qu'insurgé météorologiste. Les tableaux de l'abbé Cotte, une fois trouvés, lui ont semblé une arme non vulgaire, il s'en est servi, et l'*Almanach Raspail* n'a pas eu moins de succès que son *Annuaire de la Santé*. De concert, les deux petits livres ont été affaires d'or. L'auteur ne pouvait s'en plaindre. Quant au public... mon Dieu ! le public a bien compté dans son sein quelques personnes qui, par hasard, ont remarqué que les prévisions de l'abbé Cotte, paraphées par la plume de Raspail, ne s'accordaient pas toujours avec le temps réel : d'autres qui, ayant de bonnes raisons pour se souvenir du temps qu'il faisait à pareil jour dix-neuf ans plus tôt, — comme, par exemple, un jour de mariage, de fête, d'excursion, — n'ont pas manqué de trouver que les grains de chapelet ne coïncidaient pas exactement. — Fort bien! mais, ont répondu nos prophètes ingénieux, cela n'infirme en rien la certitude du... chapelet.

— Quoi! il faisait un temps splendide le jour

de mon mariage, il y a dix-neuf ans, et même ce beau temps, il m'en souvient, avait été précédé d'une longue série de beaux jours ; aujourd'hui il pleut à verse, et tous ces jours derniers nous n'avons eu qu'orages et bourrasques : et vous voulez que je tienne pour sérieuses vos prétendues prévisions !

— Sans doute, car tout s'en serait inévitablement réalisé, si...

— Ah ! il y a un si !

— ... Si, chose que nous ne pouvions prévoir, quelque comète visible ou invisible n'était venue se jeter à la traverse et perturber l'ordre normal de nos phénomènes météorologiques. Ces astres, ou plutôt ces météores errants, indisciplinés, et fort puissants comme influence cosmique, passent dans un sens, dans l'autre, coupent les tourbillons de notre système planétaire, et partout sur leur passage troublent l'ordre des attractions. Vous comprenez ?...

— Je comprends ; grâce à l'intervention des comètes, que vous pouvez supposer présentes quand vous ne les voyez pas, — car de l'aveu de nos astronomes, il y en a toujours quelqu'une rôdant à travers nos sphères, — il arrive que la règle que vous nous dites si bien établie et démontrée est confirmée par l'exception à ce point d'en être complètement détruite. Nous voilà, ma foi! bien renseignés et bien lotis ; car ainsi exposé à l'inévitable influence occulte ou évidente des comètes, notre système de prévisions devient tout simplement le système de M. de La Palisse : « Tel jour il fera beau, si rien ne cause la pluie. Nous aurons un hiver fort doux, si par accident il n'arrive pas qu'il soit très rude, » etc.

Après ces augures émérites, qui doivent rire surtout en encaissant le produit bien sonnant de leurs almanachs, voici venir un savant très sérieux, très distingué, M. Coulvier-Gravier, connu par ses études spéciales sur les étoiles filantes, qui, tout en se livrant à l'observation de ces astéricules, a cru que, selon la façon dont ils se présentent, selon leur nombre, leur direction, il est possible de conclure au temps qu'il fera quelques jours plus tard, et même qu'en calculant la moyenne des étoiles filantes de janvier à mai, on doit pouvoir connaître si le reste de l'année sera sec ou humide, chaud ou froid. Les prévisions du savant ne se sont pas toujours réalisées non plus ; mais au moins a-t-on respecté l'observateur, qui a pu se tromper, de très bonne foi... ou avoir compté lui aussi sans les comètes...

— Ainsi donc, mensonges ou rêveries que toutes les prétendues prévisions?

— Mensonges, non, car je ne voudrais outrager personne, mais rêveries si vous voulez.

— Fort bien! mais voyons un peu, que pensez-vous des proverbes, cette sagesse des nations, qui, eux, se sont fort occupés de météorologie? Voici, par exemple, saint Médard le saint pluvieux, saint Barnabé son contradicteur; les saints de glace, — saint Blaise qui l'hiver *apaise,* saint Michel qui ne laisse pluie au *ciel,* etc., etc.

Que vous semble des pronostics dont on leur fait habituellement honneur?

— Il me semble tout d'abord que rien n'est moins démontré, que la valeur de ces influences repose le plus souvent sur des questions de consonnance ou de rime :

S'il pleut au jour de saint Médard
Il pleut quarante jours plus tard,
Mais le grand saint Barnabé
Tout peut venir raccommoder.

Ou encore : Noël au jeu, Pâques au feu; Noël au feu, Pâques au jeu ; façon de dire que l'une de ces deux grandes dates religieuses doit forcément contredire l'autre au point de vue météorologique, etc.

Ensuite, raison qui a bien, je crois, son importance, remarquons que le plus grand nombre, pour ne pas dire la généralité de ces adages populaires, ont au moins quatre ou cinq cents ans d'âge...

— Eh bien! pour être âgés vous sembleraient-ils moins respectables?

— Non, ma foi! mais oubliez-vous que, s'il y a quelque trois cents ans (en 1582), par suite de la réforme du calendrier, dite réforme grégorienne, on supprima dix jours à l'année courante en passant immédiatement du 5 au 15 octobre, il arriva que la place de toutes les fêtes se trouva, pour l'année suivante et pour toutes les années écoulées depuis, avancée de ces mêmes dix jours. Si donc des remarques étaient assises sur tel ou tel jour, mis sous le vocable de tel ou tel saint, tout a dû forcément se trouver dérangé; et la coïncidence n'a pu en aucune façon se rétablir, puisqu'on a été forcé de compter les années entières sans suppressions ni adjonctions.

— Encore un système à vau-l'eau! Que pensez-vous alors des prévisions reposant sur les phases lunaires?

— Hélas! j'ai peur de n'en penser encore rien du tout de sérieux, car, bien que des gens très graves aient voulu admettre l'influence lunaire à propos du temps, j'ai vu trop souvent leurs pronostics démentis. Le maréchal Bugeaud fut un grand partisan du rôle lunaire. Étant en Espagne, il avait, dit-on, trouvé un vieux manuscrit où étaient consignées des observations faites pendant un demi-siècle et qui se réduisaient à peu près à ces deux formules : pendant une révolution lunaire, onze fois sur douze, le temps reste ce qu'il était le cinquième jour de cette lunaison, si toutefois il a continué d'être le même le sixième jour, et neuf fois sur douze si le dixième ressemble au quatrième. On ajoute que le maréchal Bugeaud vérifia cette règle en Algérie, et la vit si bien confirmée par l'expérience qu'il la proclama infaillible.

Mais notez que la vérification de ce système, édifié en Espagne où il ne pleut guère, fut faite en Algérie, pays renommé par la régularité de son climat, et la démonstration vous semblera fort peu concluante.

C'est chez nous, avec l'atmosphère variable de nos régions moyennes ou montagneuses, qu'il faudrait le mettre à l'épreuve... On l'y a mis d'ailleurs, et Dieu sait ce qu'il en reste !

— Décidément, monsieur, vous ne laissez rien debout de nos...

— De vos illusions. Où est le mal, si ce ne sont en réalité que de vaines et décevantes fantaisies.

— Alors il n'y a point de système de prévision admissible.

— *Distinguo*, comme dirait Diafoirus, si vous entendez prévisions à longue échéance, je réponds nettement, absolument non ! *Nego*.

— Diable !

— Mais si aux gens qui prédisent vous voulez bien substituer les gens qui se bornent à annoncer, je suis avec vous, *concedo*.

— C'est subtil.

— Non ! Je le répète, fi des prophètes la Palisse qui sauront toujours arguer d'une influence accidentelle pour justifier leurs erreurs ! Mais j'admets comme très sérieux et très utiles les Fitz-Roy, les Maury, les Marié-Davy, les Mohn, qui ont mis en honneur cette véritable science qui consiste à faire correspondre par des observatoires spéciaux tous les points du globe pour constater, étudier la marche des phénomènes atmosphériques et les *annoncer*, comme au départ d'un train de chemin de fer on peut en *prédire* l'arrivée au point extrême de la ligne.

Étant donnée la rapidité, l'instantanéité des relations télégraphiques, chaque jour maintenant l'état universel de l'atmosphère est universellement connu, avec indication des courants, des mouvements généraux, ce qui peut permettre d'établir presque en tous pays des tableaux de *probabilité* du temps, qui le plus souvent contiennent des indications très exactes, avec deux et même trois ou quatre jours d'avance. Aussi suis-je de ceux qui ont applaudi, et applaudissent encore à la fondation des observatoires météorologiques dont nous avons à Paris le modèle dans le parc de Montsouris, station mère et centrale, où non seulement viennent converger les renseignements du monde entier, mais d'où ils rayonnent sur tous les points de notre territoire, qui peuvent avoir intérêt à les connaître. Cet établissement, outre les observations qu'il télégraphie sans cesse à ses correspondants, outre le bulletin quotidien qu'il publie, édite encore chaque année un annuaire tout plein de notions excellentes sur tout ce qui touche à la météorologie — et où l'on apprend de plus en plus à se méfier des prétendues prophéties à longue date.

— Mais pour les prévisions à courte date, nous avons le baromètre dont vous ne nierez pas, j'espère, le caractère sérieux et l'efficacité.

— Vous me demandez mon avis sur le baromètre en tant que *prédiseur* du temps. Cette question peut, en principe, paraître assez singulière à beaucoup de gens, car en réalité, pour beaucoup de gens, je pourrais presque dire pour le plus grand nombre de gens, qu'est-ce qu'un baromètre, sinon un instrument tout exprès créé et mis au monde pour annoncer à ceux qui ont confiance en lui le temps qu'il va faire? J'entends dire par celui-ci : « Pourquoi ne pas mettre en doute les vertus du thermomètre, en tant que mesureur du calorique ? » et par celui-là : « Pourquoi ne pas demander si l'on a quelque chance de savoir l'heure en consultant une horloge? »

Or, voilà justement deux comparaisons qui, pour paraître de prime abord absolument justes, ne sont rien moins qu'absolument inconsidérées. Il y a cette première raison — qui pourrait presque dispenser des autres — que si le thermomètre (*thermè*, chaleur, et *métron*, mesure) fut inventé pour préciser le degré de chaleur, et l'horloge (*ôra*, l'heure, et *logion*, indication) pour indiquer l'heure qu'il est, le baromètre, comme d'ailleurs l'indique l'étymologie de son nom (*baros*, poids, et *métron*, mesure), est un instrument originalement établi, d'après la constatation d'un des phénomènes les plus importants de la physique,

L'expérience de Pascal.

pour mesurer le poids, la pesanteur *de l'atmosphère*, et rien de plus.

Le baromètre a pour rôle essentiel d'indiquer l'altitude du lieu où l'on se trouve, en vertu de cette loi entrevue par Torricelli, et démontrée, fixée par Pascal, que plus on s'élève au-dessus du niveau terrestre moyen, et moins la masse de l'air qui nous environne doit avoir de profondeur et par conséquent de pesanteur; de telle sorte que, selon l'altitude, elle doit *appuyer* plus ou moins lourdement, pour refouler le mercure dans le tube du baromètre.

Par suite, — après que la grande découverte de la pression atmosphérique eut causé une véritable rénovation dans la science expérimentale, — il arriva qu'on fit cette remarque, que la colonne de mercure du baromètre peut varier de hauteur dans le même lieu, selon l'état plus ou moins sec ou humide, plus ou moins calme ou agité de l'atmosphère; et alors, commença mais sans prendre toutefois aucun caractère absolu, le rôle météorologique du *mesureur d'altitudes*. Simple affaire de coïncidence au résumé, et qui, à tout prendre, doit tirer si peu à conséquence, qu'il peut dépendre de la région où l'on observe les variations du tube barométrique pour qu'on doive en modifier l'interprétation. Maintes fois, d'ailleurs, surtout dans les saisons extrêmes, époques de froid très vif ou de chaleur très intense, il pourra se produire d'importantes oscillations barométriques, sans qu'il s'ensuive aucun changement notable dans l'état de l'atmosphère.

En général, le baromètre monte alors que règnent les vents dits de terre, c'est-à-dire ceux qui, ayant longtemps soufflé à travers plaines et monts, s'y sont dépouillés de leur humidité. C'est pourquoi, chez nous, les vents de l'est et du nord, qui ont couru sur le continent, nous amènent une atmosphère qui, dense, refoule activement le mercure du baromètre, et, pure, nous donne du beau temps ; quand, au contraire, nous viennent les vents de l'ouest ou du midi, qui se sont imprégnés d'humidité dans leur passage au-dessus des mers, l'atmosphère dilatée pèse moins sur le mercure, et nous donne de la pluie.

Et comme vents secs ou vents humides, dès qu'ils soufflent, manifestent leur influence dans la densité de l'atmosphère avant que l'état réel du *temps* ait pu se modifier, il peut arriver, il arrive même fort souvent que quelques heures à l'avance, — dix, douze ou quinze même, — les oscillations du mercure dans le tube révèlent le changement qui va s'opérer.

Mais combien de fois, notamment en cas

d'averse, de bourrasque, de modification subite dans le cours des vents, le baromètre se trouve-t-il non seulement en retard dans ses prédictions, mais encore en pleine contradiction avec les formules qu'on a coutume d'inscrire sur les degrés de son échelle d'oscillations. Il monte, monte, et la pluie, qui tombait fine, tombe drue; il baisse, baisse, et le temps s'éclaircit.

Pluie ou beau temps, à savoir si nous aurons ou n'aurons pas besoin de parapluie! c'est ce que nous lui demandons le plus communément, nous autres gens de terre ferme; et, à moins qu'il n'y ait fixité grande de l'un ou de l'autre de ces états, ses indications — que le désespérant *variable* rend si souvent insignifiantes — ne nous renseignent guère. Autre chose il en est du navigateur qui, aventuré en pleine mer, sait que la *pression* ou la *dépression* atmosphérique peut avoir pour lui d'importantes conséquences. Il consulte sans cesse le baromètre; et il fait bien, car, selon les avis qu'il en reçoit, il poursuit tranquillement sa route ou se prémunit autant que possible contre les fâcheuses éventualités.

Avec les données à peu près exactes qui composent aujourd'hui la météorologie pratique des marins, sur l'océan, où les mouvements atmosphériques ont une étendue et une régularité de direction beaucoup plus grande que sur les continents, où les diverses conformations de la surface terrestre font obstacle à leur cours, le baromètre est un auxiliaire véritablement indispensable qui, attentivement observé, ne saurait avoir d'autre inconvénient que de pousser à l'excès de précautions, — excès dont on eut rarement à se repentir.

Quoi qu'il en soit donc, voilà, croyons-nous, la vertu *prophétique* du baromètre appréciée à sa juste valeur. C'est pourquoi, quand nous aurons pendu un baromètre aux murs de notre maison, nous ne devrons en attendre que des prévisions d'une justesse toute relative, ne ressemblant en rien aux certitudes du thermomètre, qui jauge le calorique, ou de la pendule qui mesure le temps. Et, d'ailleurs, de même qu'en fait de prévision du temps à grande distance par prétendue analogie des périodes lunaires, ou par déduction des influences de notre satellite, nous trouvons comme écueil l'intervention apparente ou occulte des comètes et autres météores ; de même, lorsque nous demandons au baromètre des renseignements sur le *temps* prochain, nous risquons de le voir flotter dans ce *juste milieu* qui fut autrefois si bafoué en politique, parce qu'il était l'équivalent du variable barométrique.

Au total donc, — et M. de la Palisse n'aurait pas trouvé mieux, — quand nous verrons le baromètre très haut, concluons au beau temps, sans nous porter garants cependant d'une fixité qu'un souffle contraire peut détruire; quand nous le verrons bas, prenons notre parapluie, quitte à ne nous en servir que comme d'une canne, au cas où le vent tournerait tout à coup.

Quant aux autres indications, ayons à peu près pour elles le respect qu'on avait jadis pour le juste milieu. Et voilà!

Sur quoi, étant donné que le baromètre peut être cependant de quelque utilité à ceux qui croient utile de savoir le temps qu'il fera à courte échéance, vous me demandez auquel des baromètres les plus usuels il faut donner la préférence. Sera-ce au baromètre à siphon, au baromètre à cuvette, à cadran, au baromètre métallique, au *Baroscope*, — instrument relativement nouveau, — etc.?

Or, baromètres à siphon, à cuvette, à cadran, méritent, en ce qui concerne le temps, le même crédit, puisque tous trois sont basés sur l'oscillation d'une colonne de mercure dans un tube. Dans ce dernier, un petit poids de fer, reposant sur le métal liquide, est suspendu par une corde qui passe sur une petite poulie à laquelle est fixée l'aiguille indicatrice, qui tourne dans un sens ou dans l'autre, selon que le mercure monte ou descend. Cette dernière disposition, d'ailleurs, agissant par extension du mouvement, rend plus sensibles les moindres déplacements de la colonne barométrique. Et je conseillerais, à la condition qu'il fût bien construit, le baromètre à cadran.

Le baromètre dit métallique a pour principe une caisse ou une portion de tube recourbé en métal très mince. Le vide étant fait à l'intérieur, les parois subissent plus ou moins la compression atmosphérique, et en se *déformant* (pour ainsi dire) impriment des mouvements à une aiguille qui va et vient devant un cadran. Perfectionné par de très habiles constructeurs, ce baromètre donne aujourd'hui des indications très précises, — j'entends toujours en ce qui concerne simplement le poids de l'atmosphère. Les marins en font grand usage; c'est dire qu'il a reçu un brevet de mérite.

Le *Baroscope* (drôle de nom, par parenthèse) est un tube dans lequel on a mis de l'alcool camphré, lequel alcool se trouble si l'atmosphère est humide, ou reste pur si elle est sèche. Remarquons qu'il s'agit ici d'une sorte d'indicateur chimique et non physique, dont l'explication nous est fournie par un fait très simple. Laissez tomber une goutte d'eau dans un flacon d'alcool camphré, la goutte en passant précipitera des grumeaux de camphre en nombre d'autant plus grand qu'elle sera elle-même plus grosse. En construisant le baroscope, on suppose la goutte d'eau à l'état de dilatation extrême dans l'atmosphère; par son contact avec le liquide qui contient le camphre en dissolution, elle doit produire un précipité d'autant mieux accusé qu'elle aura plus d'importance. Et, toutefois, si la température est très élevée, l'évaporation de la goutte ayant lieu, ou plutôt le pouvoir dissolvant de l'alcool en étant accru, le floconnement ne se produit pas, et le baroscope est muet.

Autant vaut avoir recours à l'hygromètre, qui, dans beaucoup de cas, est aussi placé au nombre des *prédiseurs* de temps.

Les fleurs qui, imprégnées d'une certaine substance, se colorent, selon le degré d'humidité de l'atmosphère, en bleu, en rose, en violet, ont eu une grande vogue de curiosité. Elles ont succédé au capucin, qui, lui, met ou quitte son capuchon, selon le degré de tension ou de distension qu'éprouve, par la présence ou l'absence d'humidité, le cheveu ou la corde à boyau qui se cache derrière son corps.

Mais l'hygromètre, en général, constate plus qu'il n'annonce, et il nous indique plus particulièrement la pluie quand nous la voyons tomber, ce dont nous le dispenserions volontiers; quant à nous prédire le beau temps prochain alors qu'il pleut, ne comptons guère qu'il s'en avise, l'eau qui tombe et qui mouille l'atmosphère empêchant son cheveu ou sa corde à boyau de se raccourcir.

Et puisque je parle d'hygromètre, je dois en signaler un des plus simples, qui avait été mis à l'Exposition universelle à la paroi extérieure de l'administration des forêts. C'était une petite branche d'épicéa écorcée portant un rameau divergeant. La branche était clouée, le rameau était libre, et par l'effet de distension hygrométrique des fibres rattachant le rameau à la branche, il arrivait que le rameau, selon le plus ou moins d'humidité de l'atmosphère, s'abaissait ou s'élevait. Les paysans des Vosges ont tous un indicateur de ce genre cloué à la porte de leur maison, et ils affirment en recevoir de précieuses indications.

Mais tout cela, en somme, est fort relatif; et en fait de prévision de temps, — après vous avoir dit le crédit sérieux que méritent les *annonces* du service météorologique national et international, — je crois que nous ne saurions mieux faire que de nous en tenir aux notions de nos pères et des rustiques, à savoir, aux pronostics fournis par ce que nous pourrions appeler les baromètres naturels, lesquels sont en assez grand nombre et appartiennent à tous les règnes de la nature.

Et d'abord voici le baromètre que les anciens blessés, les rhumatisants ou même les possesseurs de simples durillons portent avec eux, et qui les avertit infailliblement des changements de temps. Ajoutons-y l'hygromètre normal que des femmes portent sur leur tête, car toutes ont remarqué que, par les temps humides, leurs cheveux *tiennent* bien moins, les nattes se détendent et les frisures se déroulent.

Les animaux domestiques ou sauvages sont, pour la plupart, instinctivement avertis des variations de température, et nous en donnent des témoignages. A l'approche du mauvais temps, les oiseaux des champs s'abstiennent ordinairement de leur ramage coutumier. Quand on voit les oies, les nards, s'agiter, plonger, les poules se rouler dans le sable, quand on entend les grenouilles coasser continuellement d'une voix plus forte, les perroquets babiller outre mesure, le paon, la pintade jeter leur cri discordant, on peut penser que la pluie ne tardera pas à tomber.

Les ânes, les mulets, les chevaux, montrent aussi, en pareil cas, une sorte d'inquiétude, le chat se lèche obstinément et passe sa patte derrière l'oreille.

L'hirondelle, par le beau temps, vole dans les régions moyennes de l'atmosphère — où se tiennent les moucherons auxquels elle fait la chasse. A l'approche de l'orage elle monte très haut, comme pour échapper à la tempête en la dominant ; quant il doit pleuvoir ou quand le temps se refroidit, elle vole au contraire très bas, rase le sol, les maisons, pour prendre les insectes qui se sont rabattus vers la terre ou posés sur les murs.

Les poissons qui sautent hors de l'eau et qui, d'ailleurs, mordent mieux que d'ordinaire à l'appât, indiquent aux pêcheurs l'approche de l'orage.

L'araignée filandière des jardins raccourcit et bride, en prévision de la pluie, les filets qui servent de supports à sa toile, et les laisse en cet état tant qu'il y a menace d'eau. Si, au contraire, ces fils sont longs, peu tendus, on peut en augurer un beau temps de quelque durée. Tant qu'il y a menace de pluie, cette araignée ne construit aucune toile nouvelle. Si, même quand

Les baromètres animés.

il pleut encore, on la voit se mettre à l'ouvrage, le beau temps va revenir.

La petite grenouille ou rainette des prés sert de baromètre à quelques personnes, qui la placent dans un bocal, dont le fond est garni d'herbes et de sable et dans lequel est une petite échelle. Pendant le beau temps la bête se tient en haut de l'échelle; à l'approche de la pluie elle descend au fond.

Mieux vaut prendre une sangsue, qu'on met dans une fiole, pleine aux trois quarts d'eau bien claire et bouchée d'un linge attaché.

Si le jour doit être beau, la sangsue reste immobile au fond de la fiole, où elle se roule en spirale. S'il doit pleuvoir, elle s'élève à la partie supérieure de l'eau et s'y maintient tant que la pluie doit durer. En cas de grand vent prochain, elle s'agite sans cesse. En cas de grand orage, elle sort de l'eau, et cramponnée au haut du verre, semble éprouver un malaise qui se trahit par des mouvements convulsifs.

Chacun sait que, quand les égouts, les fosses d'aisances répandent de fétides émanations, il faut attendre la pluie, ce qui s'explique par la diminution de pression atmosphérique sur les gaz qui s'exhalent.

Quand le sel des salières devient moite, c'est que les courants atmosphériques sont saturés d'humidité, et par conséquent annoncent l'arrivée des nuages pluvieux, etc., etc.

Restent enfin les indices tirés des phénomènes météorologiques eux-mêmes que je trouve très nettement consignés dans un curieux petit livre, publié il y a un siècle, sous le titre de : QUEL TEMPS FERA-T-IL CE MATIN, CE SOIR, DEMAIN, *etc.? présages utiles aux laboureurs, jardiniers, voyageurs, chasseurs, promeneurs* (de nos pays, bien entendu).

Espérez du beau temps : si le soleil se lève non couvert de nuages ou si les nuages qui le couvrent sont bientôt entraînés vers le couchant ; si le soleil se couche, en rougissant modérément l'occident, sans être ni couvert, ni entouré de nuées ; si, durant la nuit, la lune est très claire, d'une blancheur éclatante, si des nuages ne viennent pas fréquemment la cacher ; si les étoiles brillent bien nettes et étincellent ; si elles paraissent en très grand nombre et petites ; si, après de la pluie ou de l'orage, le ciel reste un peu obscur et que les nuages paraissent élevés, éloignés les uns des autres, et prennent de la transparence ; si le brouillard qui s'est formé le matin dans les terrains bas se dissipe presque aux premiers rayons du soleil, en s'étendant sur la terre et non en s'élevant; si la rosée, qui n'est pas trop abondante, reste relativement assez longtemps sur l'herbe; si l'arc-en-ciel brille le soir; si les bruits venant du nord ou du levant sont plus distincts que de coutume; si les portes et armoires qui s'ouvraient avec difficulté s'ouvrent plus aisément, etc.

Attendez-vous à de la pluie plus ou moins persistante si le soleil, en se levant, est fort rouge, brun, ou pâle; s'il paraît ovale, s'il est entouré de nuages clairs, obscurs, déchirés, ou si un petit nuage semble marcher au-dessus de lui; si, peu de temps après son lever, des nuages viennent le cacher, ou s'il semble se lever avant son heure, parce qu'on voit au levant une sorte de fournaise; s'il se couche très rouge ou très pâle, au milieu de nuages de tintes diverses; si un gros nuage empêche de le voir au moment de son coucher, et s'il semble alors plus petit qu'à l'ordinaire; si la lune est pâle, obscure, trouble, ou fort rouge; si elle a autour d'elle un ou plusieurs cercles brumeusement lumineux; si elle est entourée de nuages, qui la cachent fréquemment, et si les pointes de son croissant sont noires ou obscures; si les étoiles manquant d'éclat, se distinguent difficilement, ou si elles paraissent plus grosses qu'à l'ordinaire ; si le ciel devient blanc ou gris, si les nuages d'abord petits s'agglomèrent et deviennent obscurs, en se frangeant de blanc vif ; si le brouillard matinal s'élève en formant des traînées dans les hautes régions ; si, après une petite pluie, un brouillard se forme qui semble une fumée sortant de la terre (indice de grande pluie) ; s'il y a absence de rosée, ou si, très abondante, elle se dissipe promptement ; si l'arc-en-ciel se forme le matin, etc., etc.....

Peut-être, étant donné le peu de crédit que j'ai voulu accorder aux systèmes soi-disant scientifiques, allez-vous trouver que j'accueille bien sympathiquement des notions qui nous semblent être à la météorologie ce que les remèdes de bonnes femmes sont à la médecine ; et peut-être m'accuserez-vous de contradiction avec moi-même. Point ; car remarquez que si j'ai fait fi des prévisions à longue échéance, j'ai tenu pour très sérieuses les *annonces* de nos observatoires météorologiques, lesquels ne font rien de plus, — je répète mon expression, — que ce que fait le télégraphe annonçant du lieu de départ l'heure d'arrivée d'un train dont la vitesse est connue et la marche indiquée. Or, que font ces prévisions de notoriété populaire, sinon constater ce que nous pourrions appeler des symptômes se reliant intimement au phénomène météorologique dont ils sont ainsi les avant-coureurs avérés, ou même quelque chose de plus. Quand, sur la foi de tel ou tel de ces signes, nos paysans, fort experts en ce genre d'observations, affirment que telle ou telle modification va se produire dans l'état *du temps,* ils sont dans le cas du moins savant de nos médecins qui, mis en face d'une maladie ordianire, annonce empiriquement les phases successives du mal. Et sa prédiction se réalise; parce qu'il est reconnu depuis des siècles que tel symptôme a telle conséquence.

Vous voyez un homme se gorger de boisson alcoolique, vous lui prédisez l'ivresse, et l'on peut ajouter foi en vos paroles, parce qu'il y a enchaînement normal entre l'acte et ses effets.

De même, pour les pronostics météorologiques populaires, qui reposent tout bonnement, tout rationnellement sur des prémisses. Quand il y a chose commencée en tel sens, qui doit forcément avoir telle suite, telle fin, ce n'est point s'ériger en sorcier que de conclure de la fin sur le commencement.

Et voilà pourquoi nous devons avoir foi en ces vieilles données, qui sont le fruit de la sage observation, et dans le principe desquelles, —

n'en déplaise à tous les Matthieux du monde, — se résume en fin de compte toute la véritable science météorologique.

FIN

PARIS. — IMP. P. MOUILLOT, 13-15, QUAI VOLTAIRE. — 27762.

TABLE

www.ingramcontent.com/pod-product-compliance
Ingram Content Group UK Ltd.
Pitfield, Milton Keynes, MK11 3LW, UK
UKHW012213240726
13966UKWH00002B/729